U0614751

边玩边学丛书

BIANWAN BIANXUE
CONGSHU

边玩边学数学

本书编写组◎编

耿彬彬　杨　敏　耿　华等◎编著

世界图书出版公司
广州·北京·上海·西安

图书在版编目（CIP）数据

边玩边学数学／《边玩边学数学》编写组编 . 一广州：广东世界图书出版公司，2010.4（2024.2 重印）

ISBN 978 - 7 - 5100 - 2010 - 0

Ⅰ. ①边… Ⅱ. ①边… Ⅲ. ①数学 – 青少年读物 Ⅳ. ①O1 – 49

中国版本图书馆 CIP 数据核字（2010）第 049989 号

书　　名	边玩边学数学
	BIAN WAN BIAN XUE SHU XUE
编　　者	《边玩边学数学》编写组
责任编辑	李翠英
装帧设计	三棵树设计工作组
出版发行	世界图书出版有限公司　世界图书出版广东有限公司
地　　址	广州市海珠区新港西路大江冲 25 号
邮　　编	510300
电　　话	020-84452179
网　　址	http://www.gdst.com.cn
邮　　箱	wpc_gdst@163.com
经　　销	新华书店
印　　刷	唐山富达印务有限公司
开　　本	787mm × 1092mm　1/16
印　　张	13
字　　数	160 千字
版　　次	2010 年 4 月第 1 版　2024 年 2 月第 4 次印刷
国际书号	ISBN　978-7-5100-2010-0
定　　价	59.80 元

版权所有　翻印必究

（如有印装错误，请与出版社联系）

光辉书房新知文库
"边学边玩"丛书编委会

主　编：

吕鹤民　北京市第十中学生物教师

宋立伏　清华大学附属中学化学教师

编　委：

耿彬彬　北京市铁路第二中学数学教师

滕保华　北京市第二一四中学科技办公室主任

柯本勇　北京市第八中学物理教师

曾　楠　北京市铁路第二中学化学教师

蒋一淼　北京市第十中学生物教师

张　戍　北京市首都师范大学附属丽泽中学语文教师

刘路一　天津市新华中学地理教师

孙建蕊　北京市丰台南苑中学历史教师

刘亚春　四川北川中学校长

龙　菊　首都经贸大学金融学院教授

陈昌国　重庆万州区枇杷坪小学信息技术教师

谢文娴　重庆市青少年宫研究室主任

执行编委：

王　玮　于　始

"光辉书房新知文库"

总策划/总主编:石 恢

副总主编:王利群 方 圆

本书作者

耿彬彬　北京市铁路第二中学数学教师

杨　敏　北京市铁路第二中学数学教师

耿　华　天津市新华中学数学教师

谢　琳　北京市铁路第二中学数学教师

刘文然　复旦大学数学科学学院

骆春华　北京市第十中学信息技术教师

张　欣　北京市第十二中学数学教师

序：在玩中学，在学中玩

进入 21 世纪以后，人类社会已经跃入了崭新的知识经济时代，无论是在国家还是个人层面上，科学知识都起着越来越重要的作用。从某种程度上来说，科学知识决定着我们的事业成败和生活质量。认识这种时代特征，并按其要求去设计自己的人生道路，既是当代中学生朋友的神圣使命，也是其责无旁贷的光荣义务。

但是，对于不少中学生朋友来说，学习科学仿佛是一件沉闷、枯燥、乏味的事情。在他们眼中，数理化好像只是一堆令人生厌的公式和符号，语文、历史、地理等文科科目也只是大段枯燥、严肃的文字叙述，当然文理科也是有共性的，就是没完没了的习题和例题。快快乐乐地学习似乎是一个遥不可及的神话。

造成这种尴尬局面的因素很多，但是没有处理好科学的现象与本质、具体与抽象、知识与应用等的关系是其中之一。正是因为我们的教材太过于强调科学的知识性、抽象性、深刻性而忽略其实用性、多样性、趣味性，才使得正处在好动爱玩年龄的中学生们将学习科学知识视为一种痛苦的体验，认为科学探究是枯燥的、冷冰冰的，毫无乐趣可言。

难道，学习科学就真的不能成为一件快乐而有趣的事情吗？如何将学习演绎成快乐呢？对于天性爱玩的中学生来说，"边玩边学"不失为一个有效的途径。

正是基于这样的认识，我们邀请长期活跃在教学一线的老师和学者为广大中学生朋友精心编写了这套"边玩边学"丛书，丛书包括十个单册，分别是《边玩边学数学》《边玩边学物理》《边玩边学化学》《边玩边学生物》《边玩边学语文》《边玩边学地理》《边玩边学历史》《边玩边学心理学》《边玩边学经济学》《边玩边学科学》，希望为中学生朋友真正带来学习的乐趣。

一位教育家说过，"游戏是由愉快促动的，它是满足的源泉"。在这套丛书中，编者老师们根据中学生的心理特点和教材内容，设计了各种实验和游戏，创设了生动的情境，或者通过生动形象的故事和俗语引入，以"玩"为明线，以"学"为暗线，寓学于玩，给中学生朋友的学习营造一种愉快的氛围。这种氛围不但能调动他们的学习热情，还能提高他们的观察、记忆、注意和独立思考能力，不断挖掘他们的学习潜力。因为这"玩"并非单纯的玩，而是借助中学生爱玩的天性来激活他们的思维，以"在玩中学，在学中玩"的方式培养他们仔细观察、认真思考的习惯，提高他们发现问题、提出问题和解决问题的能力，使他们玩得开心，学得酣畅！

我们衷心希望这套小书能够帮助同学们走近科学，促进大家形成热爱科学知识，喜欢阅读，勇于探索的良好习惯，并为同学们带去愉快和欢乐！

本丛书编委会

前　言

在数学这个知识殿堂里，有无数个璀璨的瑰宝，都是前人在生产劳动与日常生活中发现、积累，经过思考总结出来的。它们来源于实践，又被用于实践，为人类创造出了无穷财富。现在，这些宝贝正在向你们招手，等待你们去摘取。

要想得到这些宝贝，首先要有开启知识殿堂的钥匙。这把钥匙就是强烈的求知欲望和不达目的决不罢休的决心。求知欲望来源于对知识的兴趣，对知识没有兴趣，没有激情，没有决心，知识是不会自动进入你们的脑海里的，得到宝贝也只能是幻想而已。浓厚的学习兴趣将会使你们变得勤奋，不怕任何困难地向前。兴趣和勤奋又像一双结实的划桨，让你们求知的航船乘风破浪，在知识的海洋中自由航行。

我们编写这本书的目的就是为了激发同学们学习数学的兴趣，开拓思考问题的独特视角，培养解决问题的实际能力，感受数学的轻松愉悦的一面。正如英国的哲学家、数学家罗素所说的那样："数学，如果正确地看待它，不但拥有真理，而且也具有至高无上的美，这是一种冷峻而严肃的美。这种美不是投合我们天性中脆弱的方面，这种美没有绘画或者音乐那样华丽的装饰。它可以纯净到崇高的地步，能够达到那种只有伟大的艺术家才能谱写的完美境地。"

考虑到大家的年龄特点和知识储备，我们用讲故事的形式把数学知识融入一个个问题情景中，设计出四个小主人公，增加了真实感，拉近了数学知识和大家的距离，从生活实践中精选出几十个题目，按照知识特点分为魅力数字篇、美丽图形篇、逻辑智慧篇、统计关注篇、生活数学篇五大章节，从不同角度体现数学的功能。

我们希望通过阅读这本书能改变你对数学的以往的看法，增强同学们的学习兴趣，感受数学知识的广博，体会数学的无处不在，感受解决问题时的数学的神奇效用，对促进大家的思维发展有一定的指导作用，寓教于乐，乐在其中，让大家边玩边学，在轻松愉悦中感受数学，喜欢数学。

逻辑智慧篇

目录

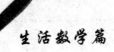

生活数学篇

魅力数字篇

1. 数字黑洞

小川从小就对天文学很感兴趣，霍金就是他崇拜的宇宙学家之一，升入中学之后，他了解的天文学知识更多了。他从书上查阅资料得知，是霍金首先提出了微型黑洞的概念。

的确，黑洞原是天文学中的概念，表示这样一种天体：它的引力场是如此之强，就连光也不能逃脱出来。

在一次数学课的讨论活动中，钟老师告诉同学们，其实，不仅是宇宙中有黑洞，在数学中也有"黑洞"的

图 1-1-1　宇宙中的黑洞

存在！如果确定某种运算，把任意的数反复迭代后结果都是一个固定数，这个数就称为数字黑洞。这个话题一下子吸引了小川，钟老师鼓励他在课下寻找相关资料，找寻"数字黑洞"的身影。

小川拉上好朋友文文、佳佳，组成一个"特别行动小组"，开始了找寻"数字黑洞"的行动！而且三人相约比赛，看谁找的又快又多！

让我们一起检验他们的搜索成果吧！

123 黑洞

我们可以任取一个整数，依次写出它所含的偶数个数、奇数个数和这两个数字之和，把这几个数字视为一个整数，继续上面的过程，最后的结果必然停留在 123。不信就来试试吧！

如数字 56127892

（1）含有 4 个偶数，4 个奇数，数字和为 8，第一次结果为 448；

（2）448 中含有 3 个偶数，0 个奇数，数字和为 3，第二次结果为 303；

（3）303 中含有 1 个偶数，2 个奇数，数字和为 3，第三次结果为 123。

下面请你随机取数验证一下吧！

魅力数字篇

3

例如：123456789：

（1）含有_____个偶数，_____个奇数，数字和为_____，第一次结果为_____；

（2）_____含有_____个偶数，_____个奇数，数字和为_____，第二次结果为_____。

我的例子是：_____

（1）含有_____个偶数，_____个奇数，数字和为_____，第一次结果为_____；

（2）_____含有_____个偶数，_____个奇数，数字

和为_____，第二次结果为_____。

文文也不甘落后，很快找到了495黑洞——

495 黑洞

任意写出一个各个数位均不相同的三位正整数，改变数字顺序可以得到一些新数。用其中最大的数减去最小的数得到一个新数，重复这个运算，一定可以得到数字495。

如：数字 186

第一次：最大数 861，最小数 168，861 – 168 = 693；

第二次：最大数 963，最小数 369，963 – 369 = 594；

第三次：最大数 954，最小数 459，954 – 459 = 495。

你也来试试：

例如：652

第一次：_____

第二次：_____

第三次：_____。

我的例子：_____

第一次：_____

边玩边学数学

4

佳佳动作慢一些，不过他的收获也不小，他发现了

153 黑洞——

153 黑洞

任意找一个 3 的倍数的数，先把这个数的每一个数位上的数字都立方，再相加，得到一个新数，然后把这个新数的每一个数位上的数字再立方、求和，……，重复运算下去，就能得到一个固定的数——153。

例如：

63 是 3 的倍数，按上面的规律运算如下：

$6^3 + 3^3 = 216 + 27 = 243$，

$2^3 + 4^3 + 3^3 = 8 + 64 + 27 = 99$，

$9^3 + 9^3 = 729 + 729 = 1458$，

$1^3 + 4^3 + 5^3 + 8^3 = 1 + 64 + 125 + 512 = 702$

$7^3 + 0^3 + 2^3 = 351$，

$3^3 + 5^3 + 1^3 = 153$，

$1^3 + 5^3 + 3^3 = 153$，

…

现在继续运算下去，结果都为 153。

魅
力
数
字
篇

例如：168

第一次：_____

第二次：_____

第三次：_____。

…

我的例子：

第一次：_____

第二次：_____

第三次：_____。

怎么样，你也快点试试，感受一下数字黑洞的神奇吧！

 脑筋急转弯

1. 幼儿园的老师拿出一包糖，准备分给小朋友们吃，如果一人分一块，便多出一块，一人分两块，又欠两块，究竟最少有几个小朋友？几块糖？

2. 平方数的速算

今天老师留的作业是两位数平方运算，小川算了几道题就觉得非常烦了，偷偷溜出自己的房间，他想把爸爸的计算器"借"来用用。

刚拿到计算器，就被爸爸发现了，爸爸是一位工程师，数学特别好。他常告诫小川，简单计算不用计算器，人脑比计算器快。爸爸还和小川进行过比赛，爸爸口算，小川用计算器计算，妈妈是裁判，负责出题和宣布比赛结果。结果每次都是爸爸赢。

想着又要被爸爸教训一顿，小川就觉得今天的作业完成起来更加不容易了。

爸爸今天和往常一样，不允许小川用计算器完成作业："为什么要用计算器呀？是什么题把你难住了?"

小川把作业往爸爸面前一放，也不说话，低头等着挨训。

"就这几道题呀！这样吧，还是老规矩，你用计算器，我口算，看看咱俩谁快如何?"

"准备好了吗?"妈妈依旧是裁判，"第一题：5 的平方。"

"25。"小川刚在计算器上按了一个"5"，爸爸就报数了。

"这个简单，不用计算器我也能报出来，这个不算。"小川辩解道。

"好，从第二题开始。"妈妈还是有点偏向小川的，"第二题：15 的平方。"

"225。"小川刚在计算器上按了一个"1"，爸爸就又抢先报数了。

"第三题：25 的平方。"见小川没说话，妈妈念了第三题。

"625。"和刚才一样，小川刚在计算器上还没按完"25"，爸爸的答案就有了。

"第四题：35 的平方。"

"1225。"听着爸爸的答案，小川感到很沮丧。爸爸怎么那么快呢？

"第五题：45 的平方。"

"2025。"小川的手几乎没动，他知道一定是爸爸先算出来。

那么爸爸究竟是采用什么高招竟然比计算器算的还快呢？想知道吗？就让我们和小川一家人一起边玩边学吧！

爸爸把刚才的计算列了一个表：

数字	5	15	25	35	45
平方数	25	225	625	1225	2025

"你看看有什么规律吗？"爸爸问小川。

"平方数的最后两位都是25。"小川说。

"还有呢？"

"还有？"

"我运用的是'速算'。"爸爸很耐心，"'速算'是一种可以培养的优秀的能力。一旦熟练了，操作起来就会觉得很方便。经常运用的话，人也可以变得越来越聪明。刚才我们进行的两位数平方运算，就可以用速算完成。你已经发现最后两位数的规律了，能不能再分析十位数以前的数字是如何得出的？比如，25 的平方是 625，那么百位数 6 如何迅速得出呢？"

小川突然大叫一声："我知道了！$6 = 2 \times 3$。就是说十位数字加 1 与十位数字相乘，后面添上 25 就是这个数的平方数。所以，35 的平方就是 $3 \times (3+1) = 12$，后面再添上 25，就是 1225 了。"

"真不错！那你能不能用自己的方法算算 65 的平方？"

"4225。爸爸，如果个位数字如果大于或者小于 5 又该如何速算呢？"小川的积极性已经被调动起来了。

"你就让这些数变成 5 不就行了。"

"变成 5？"

"对。你算算 27 的平方是多少？看看能不能找出速算的方法。"

"小川，佳佳来了。"妈妈热情地招呼打断了小川的思考。

"你来的太好了。"小川一把拉住佳佳，把刚才与爸爸讨论的内容和佳佳述说了一遍。佳佳用小川总结的方法算了几个数的平方，果然很快。

"我们一起看看 27 的平方怎么算吧。"

"你爸爸不是说让它变成 5 嘛。你看这样行不行：……"

佳佳在草稿纸上演算起来。

$27 = 25 + 2$

小资料：完全平方公式：
$(a+b)^2 = a^2 + 2ab + b^2$

$$27^2 = (25+2)^2$$

$$= 25^2 + 2 \times 25 \times 2 + 2^2$$

$$= 625 + 100 + 4$$

$$= 729$$

"你用的是完全平方公式啊!"

"那我们再算几个数试试吧!"

"果然很好算!"两个人算的不亦乐乎。

"你们想没想过为什么多算了几步反而算得快了?"爸爸在引导他们深入思考。

因为:(同学们,我们一起总结吧)

1. _____

2. _____

3. _____

"我们还学过"平方差公式",我们试试能不能用来速算吧。"小川提议。

小资料: 平方差公式:
$$a^2 - b^2 = (a+b)(a-b)$$
得 $a^2 = (a+b)(a-b) + b^2$

$$27^2 = (27+2)(27-2) + 2^2$$

$$= 29 \times 25 + 4$$

"这数不好算呀!"在草稿纸上写下算式的小川皱起了眉头。

"这样行不行?"佳佳也在草稿纸上写下了一个算式:

$$27^2 = (27+3)(27-3) + 9$$

$$= 30 \times 24 + 9$$

$$= 720 + 9 = 729$$

"27 加 3，就凑出一个方便计算的整数 30。太好了！"

"我们再用这种方法算算其他几个数的平方吧。"

$$92^2 = （92 + 2）（92 - 2）+ 4$$

$$= 94 \times 90 + 4$$

$$= 8460 + 4 = 8464$$

"给你们出个难题好不好？"爸爸使出了激将法。"三位数怎么样？能算吗？"

"三位数？您说！"

"104 的平方是多少？"

两位同学各自埋头算了起来，用的方法还不一样：（同学们，帮他们写出所用公式的名称好吗？）

公式		
算式	$104^2 = （105 - 1）^2$ $= 105^2 - 2 \times 105 \times 1 + 1^2$ $= 11025 - 210 + 1$ $= 10816$	$104^2 = （104 - 4）（104 + 4）+ 16$ $= 100 \times 108 + 16$ $= 10800 + 16$ $= 10816$

"好。你们算的很好。公式熟练以后，把中间的步骤省掉，你们就可以很快地算出来了。咱们试试口算如何？"爸爸又出题了。

"（1）某班有 43 名同学，平均体重是 43 千克，问这些同学的总重是多少千克？（2）某村卖了 68 棵树，每棵树卖 68 元，这些树一共卖了多少钱？"

（同学们，我们一起算吧，请你把结果直接写在下面。）

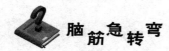

$43^2 = $ _____ ; $68^2 = $ _____

"你们的能力还真强啊！"爸爸表扬到，"那你们说，如果现在有一个数，比如 625，怎么能速算出它是哪个数的平方呢？"

小川和佳佳认真的思考起来……你也要认真思考哦！

脑筋急转弯

2. 有人想把一张细长的纸折成两半，结果两次都没折准：第一次有一半比另一半长出 1 厘米；第二次正好相反，这一半又短了 1 厘米。试问：两道折痕之间有多宽？

3. 神赐比例——黄金分割（1）

今天，数学老师布置了一个奇怪的作业，要求同学们测量数学书、课桌和学生卡的长和宽，并填写表格。（最后一列留给你，填写你想测量的物体的数值。）

	数学书	课桌	学生卡
长（厘米）			
宽（厘米）			
宽/长（比值）			

小川觉得很奇怪，这项作业很像是小学活动课的作业。虽然不太理解老师的意图，他还是按着老师的要求，认真地完成了作业。

第二天的数学课前，他发现很多同学像他一样，都是一头雾水，不明白老师的用意。

这节课的内容是比例，钟老师在讲解了比例和比例中项的定义后，接着讲到：

如图，如果有一条线段 AB 被一点 C 分割成两条线段 AC 和 CB，这一点恰恰

图 1-3-1　黄金分割比

使较长线段 AC 是较短线段 CB 和整个线段 AB 的比例中项，即 $\dfrac{CB}{AC} = \dfrac{AC}{AB}$，此时称点 C 是线段 AB 的"黄金分割点"。而线段 AC 与 AB 的比值 $\dfrac{AC}{AB} = \dfrac{\sqrt{5}-1}{2} \approx 0.618$ 被称为"黄金分割比"。

"大家看一看昨天的作业，你所测量的各种物体，有哪种的宽与长的比是 0.618？这样的物体多不多？大家还可以互相交流一下各自的测量结果。"

"请大家对比符合黄金分割比例的物体与不符合黄金分割比例的物体在视觉上有什么差异？请大家把不同的物体放在眼前 30 厘米左右的

距离观察。"

"在我们的生活中，很多事物都与黄金分割比有关。像我们的课桌、大部分的书籍，还有各种卡片他们的宽与长的比值都接近黄金比。黄金比例会使这些事物在视觉感觉上更显和谐。"

钟老师接着讲到，"中世纪德国的数学家、天文学家开普勒认为在几何学中有两件瑰宝：一件是毕达哥拉斯定理，另一件是黄金分割比。请同学们回家后收集一些黄金分割比的有关知识。

数学中有一些图形的名字中就被冠以"黄金"的称号：

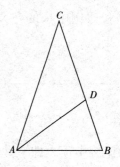

图1-3-2 黄金三角形：底与腰之比或腰与底之比是黄金比的等腰三角形。

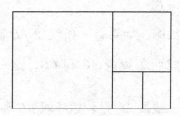

图1-3-3 黄金矩形：宽与长之比是黄金比的矩形。去掉正方形后还可以得到黄金矩形。

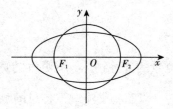

图1-3-4 黄金椭圆：短轴与长轴比为黄金比的椭圆，它的面积与以它的焦距为直径的圆面积相等。

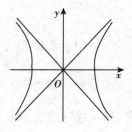

图1-3-5 黄金双曲线：离心率的倒数是黄金比。

这些几何图形符合黄金比，给人们更多的美感，也就更容易引起人们研究的兴趣。

又一天的数学课上，同学们很踊跃地讨论着生活中的黄金数，看来大家都对这个神奇数字很感兴趣。这时钟老师提出，请同学们利用手中的直尺和圆规找到任意一条线段的黄金分割点。

看到同学们为难的样子，钟老师给出了提示：做一个直角三角形使得它的两直角边分别为 1 和 $\frac{1}{2}$，那么这个三角形的斜边就是 $\frac{\sqrt{5}}{2}$（勾股定理）。在斜边上截取长为 $\frac{1}{2}$ 的线段，剩余线段长就是 $\frac{\sqrt{5}-1}{2}$。如图：点 E 就是长为 1 的线段 AB 的黄金分割点。

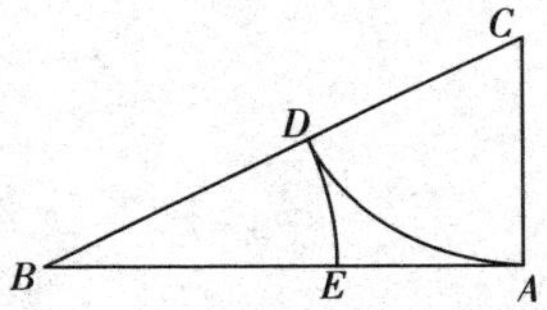

图 1-3-6

15

经过思考，小川很快就找到了确定线段黄金分割点的方法。

中午休息时小川拿着刻度尺在几个好朋友文文、佳佳和悠悠身上、头上测量起来，然后就跑到座位上算着什么。十分钟后小川宣布道："据说人体有十几个黄金分割点。肚脐是头顶到足底的分割点；咽喉是头顶到肚脐的分割点；膝关节是肚脐到足底的分割点……据我的不完全测量统计，文文同学的数值最接近黄金比，让我们大家都和拥有神赐比例的男人握手拥抱吧！"

教室里一下子热闹起来了，不少羡慕的眼光落在文文身上，文文红着脸也笑了起来。

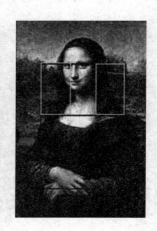

图 1-3-7　传世名作"蒙娜丽莎"就完美地体现了"黄金比"

"妈妈，我要让你变成蒙娜丽莎!"回家后小川打算让"数学美"在妈妈身上也体现出来。

妈妈喜欢穿高跟鞋，那么跟多高最适合妈妈呢? 小川拿来了皮尺。妈妈身材高挑，身高是 168 厘米，小川测量了妈妈的肚脐到地面的距离是 103 厘米。设妈妈的鞋跟高为 x，当 x 满足方程 $0.618（168 + x）= 103 + x$ 时，解得 $x \approx 2.16$ 厘米。

计算结果表明小川妈妈只需穿一双 2～2.5 厘米高的鞋子就可以使身材显得最修长匀称。

作为奖励，妈妈晚饭时给小川做了红烧肉。爸爸得知小川说服了妈妈不再穿那种细高跟的高跟鞋后，竖起大拇指称赞小川:"现代的芭蕾舞演员们通过踮起脚尖，使自己的身体能更接近'黄金比'。现在小川帮妈妈这么一设计，妈妈的身材就比芭蕾舞演员还好了!"

图 1-3-8　芭蕾舞演员踮起脚尖也是为了使自己的身体更接近黄金比

哈哈哈……一家人在欢声笑语中共进晚餐。

 脑筋急转弯

3. 一天有个年轻人来到王老板的店里买了一件礼物。这件礼物成本是 18 元，标价是 21 元。这个年轻人掏出 100 元要买这件礼物。王老板当时没有零钱，用那 100 元向街坊换了 100 元的零钱，找给年轻人 79 元。但是街坊后来发现那 100 元是假钞，王老板无奈还了街坊 100 元。现在问题是：王老板在这次交易中到底损失了多少钱？

4. 神赐比例——黄金分割（2）

初步了解了黄金分割，小川非常感兴趣，放学后一头钻进校图书馆，想好好搜集一些资料。

图书馆中有不少关于"黄金分割"的介绍，了解得越多，小川越被这个数字所吸引。原来 0.618 无处不在！并且 0.618 的倒数近似等于 1.618，也就是说它的倒数和它自身很相近，这个数还真是神奇。小川一边看一边写着读书笔记，还不时地用尺子在自己身上量来量去的，忙个不停。

1. 建筑中的黄金比

公元前 5 世纪建造的庄严肃穆的雅典巴特农神殿，建于古希腊数学繁荣的年代，并且它的美丽就是建立在严格的数学法则上的。如果我们在神庙周围描一个矩形，那么发现，它的长是宽的大约 1.6 倍，这种矩形称为黄金矩形。它的高和宽的比是 0.618。

图 1-4-1　巴特农神殿

大家所熟悉的公元前 3000 年建造的埃及最大的胡夫大金字塔，建成之初，底边长 230 米，高 146 米，其原高度与底部边长约为 1：1.6，它的比值也很接近黄金比。

图 1-4-2　胡夫金字塔　　　　　　图 1-4-3　马赛联合公寓

　　法国建筑师勒·科比西耶设计了马赛联合公寓。建造该公寓的初衷就是能在最小的单元中容纳众多人口，而这与人们的舒适需求是矛盾的。科比西耶以人们双手上举的平均高度 2.26 米作为"黄金比例"的基准比例尺。整个建筑使用了 15 个这样的基本尺寸，各部分之间也依据此比例设计。虽然公寓本身功能不复杂，但黄金比确让它显得宏伟辉煌，使得居民有宽大舒适的感受。

　　科学家和艺术家普遍认为，黄金律是建筑艺术必须遵循的规律。因此古代的建筑大师和雕塑家们就巧妙地利用黄金分割比创造出了雄伟壮观的建筑杰作和令人倾倒的艺术珍品。当今世界最高建筑之一的加拿大多伦多电视塔，塔高 553.3 米，而其七层的工作厅建于 340 米的半空，其比为 340：553 ≈ 0.615。

图 1-4-4　加拿大多伦多电视塔　　　　图 1-4-5　雅典娜女神

　　希腊古城雅典有一座用大理石砌成的神庙，神庙大殿中央的女神像是用象牙和黄金雕成的。女神的体态轻柔优美，引人入胜。她的身体从脚跟到肚脐间的距离与整个身高的比值，恰好是 0.618。不仅雅典娜女神身材满足黄金比，其他许多希腊女神的身体比例也是如此。人们所熟悉的米洛斯"维纳斯"，太阳神阿波罗等一些名垂千古的雕像，都可以找到 0.618 的比值。

　　20 世纪中，勒·科比西耶还发现黄金比具有数列的性质。他将其与人体尺寸相结合，提出黄金基准尺方案，并视之为现代建筑美的尺度。法国还产生了冠名为黄金分割画派的立体主义画家集团，专注于形体的比例。宇宙万物，凡是符合黄金分割的，总是最美的形体。例如邮票、照片、课本、奖状、国旗、小提琴……

2. 人体的黄金分割

人体黄金分割因素包括4个方面，10多个"黄金点"，如脐为头顶至脚底之分割点、喉结为头顶至脐分割点、眉间点为发缘点至颏下的分割点等；15个"黄金矩形"，如躯干轮廓、头部轮廓、面部轮廓、口唇轮廓等；6个"黄金指数"，如鼻唇指数是指鼻翼宽度与口裂长之比、唇目指数是指口裂长度与两眼外眦间距之比、唇高指数是指面部中线上下唇红高度之比等；3个"黄金三角"，如外鼻正面观三角、外鼻侧面观三角、鼻根点至两侧口角点组成的三角等。

除此之外，近年国内学者陆续发现有关的"黄金分割"数据，如前牙的长宽比、眉间距与内眦间距之比等，均接近"黄金分割"的比例关系。专家们认为，这些数据的陆续发现不仅表现人体是世界上最美的物体，而且为美容医学的发展，为临床进行人体美和容貌美的创造和修复提供了科学的依据。

古希腊人以为，"美"是神的语言。他们找到了一条数学证据，宣称黄金分割是上帝的尺寸。几何学天才欧几里得更进一步：他发现大自然美丽的奥妙在于巧妙和谐的数学比例大多接近0.618。

3. 自然界中的黄金比

科学家们发现，千姿百态的植物的外形轮廓并非杂乱无章随心所欲地生长，而是遵循着一定的数学规律。从植物茎的顶端向下看，发现上下层中相邻的两片叶子之间约成137.5°。这个角度对叶子的采光、通风都是最佳的。而137.5°:（360°-137.5°）≈0.618。

魅力数字篇

动物界，形体优美的动物形体，如马、骡、狮、虎、豹、犬等，凡看上去健美的，其身体部分长与宽的比例也大体上接近与黄金分割。蝴蝶身长与双翅展开后的长度之比也接近 0.618。

图 1-4-6　欢乐女神碟——巴西

4. 作息时间中的黄金比

一天合理的生活作息也应该符合黄金分割，24 小时中，2/3 时间是工作与生活，1/3 时间是休息与睡眠；在动与静的关系上，究竟是"生命在于运动"，还是"生命在于静养"？从辩证观和大量的生活实践证明，动与静的关系同一天休息与工作的比例一样，动四分，静六分，才是最佳的保健之道。掌握与运用好黄金分割，可使人体节约能耗，延缓衰老，提高生命质量。

5. 膳食中的黄金比

它不仅是美学造型方面常用的一个比值，也是一个饮食参数。日本人的平均寿命多年来稳居世界首位，合理的膳食是一个主要因素。在他们的膳食中，谷物、素菜、优质蛋白、碱性食物所占的比例基本上达到了黄金分割的比值。

脑筋急转弯

4. 26 - 60 = 4，现在只要移动一个数字就能让等式成立，你觉得能做到吗？

5. 狡猾的狐狸

课上钟老师给大家讲了这样的一个小故事，非常有趣：

有一天，瘸腿狐狸卖西瓜赔了本，没钱买吃的，饿得肚子咕咕叫，走路直打晃。

老牛走过来，问："狐狸，你这是怎么啦？"

狐狸看了老牛一眼说："饿的，两三天没正经吃东西啦！"

老牛一本正经地说："要想有饭吃，就要参加劳动！"说完，老牛干活去了。

"哼，劳动？劳动多累呀！"狐狸眼珠一转说，"嗯，我有个好主意。"

23

狐狸一瘸一拐地跑到野猪家。野猪家有个大筐，里面装着许多玉米，筐子上面盖着厚布。狐狸说："野猪老兄，听说这筐里有许多玉米，能告诉我一共有多少吗？"

"保密！"野猪没好气地答了一声。

"哈哈，在我聪明的狐狸面前，不可能有任何秘密！"狐狸很有把握地说，"我出道题，你算算，我不但能说出你筐里有多少玉米棒，连你有多大岁数都能知道。"

"真的？"野猪觉得不可思议。

狐狸咳嗽了两声，说："把你筐子里的玉米棒数乘以2，加上5，把所得的数再乘上50，加上你的年龄，再减去250，把得数告诉我。"

野猪趴在地上算了半天，最后说："得1506。"

狐狸立刻说："你筐里有15个玉米棒，你今年6岁。"

野猪一摸前脑门想，对，筐里的玉米棒是15个。野猪一摸后脑勺想，今年自己正是6岁。

"神啦！"野猪从心里佩服狐狸。他问狐狸："你怎么知道的？"

"算的呀！你算的结果是1506。最左边的两位数15，就是玉米棒数；最右边的一位数6，就是你的年龄。"

"你太伟大啦！"野猪抱着狐狸亲了一下。

"伟大不伟大并不重要，重要的是给我弄顿饭吃，要有酒有肉啊！"狐狸显得十分得意。

不一会儿，野猪给狐狸端上来红烧兔子肉、清蒸鸡、煮老玉米，外加两瓶好酒。狐狸猛吃猛喝，临走还拿走4个玉米棒。

野猪到处宣传，说瘸腿狐狸神机妙算。小猴灵灵告诉野猪说："你上了狐狸的当啦！"野猪不信。

小猴说："你看算式 $(2 \times 15 + 5) \times 50 + 6 - 250 = 15 \times 100 + 250 + 6 - 250 = 1500 + 6 = 1506$。玉米棒数15是你自己写上去的，乘以100后变成了千位和百位上的数，而年龄6也是你自己写上去的，它变成了个位数。这样一做，把两个数分离开了，一眼就可以看清楚。"

"好个瘸腿狐狸！"野猪快速冲了出去，追上瘸腿狐狸，夺过玉米棒，用每根玉米棒在狐狸头上都狠敲了一下。这下可好，瘸腿狐狸头上添了4个大包！

老师的话音刚落，小川就对文文说："我知道你铅笔盒里有几只铅笔，几只圆珠笔。"

"你是想试试老师说的方法吧。好我就算一算告诉你，让你来猜猜。不过，你也要给我个机会。我要猜你带了几只笔，几个本。"

> 小文有_____支铅笔，_____支圆珠笔，他告诉小川的数字是：_____。
>
> 小川有_____支笔，_____个本，他告诉文文的数字是：_____。

"看来大家很感兴趣啊！我再给大家表演一个小魔术，如果你们喜欢就要用心学哦。"钟老师笑着说。

"先请一位同学在心中秘密认定一个数，这个数可以是一位、二位或三位的自然数。然后把此数乘以1667。请他把乘积算出来，但不要告诉我，只要透露乘积尾巴上的几位数字就可以了。如果你想的秘密数是一位数，那就透露积的最后一位数；如果它是两位数，那就透露积的最后两位数；……谁来配合一下？"

"9。"小川第一个喊了出来。

"你心里想的是7。对不对？"钟老师的反应非常快。

"太神了!"

"15。" 文文把难度提高了。

"你心里想的是45。"

"老师,你怎么算的?"

"咱们让文文和川川把他们说的两个数乘以1667的结果算出来好不好?"

小川想的秘密数是7,$7 \times 1667 =$ _____,9和7的关系可以这样建立:_____;

小文想的秘密数是45,$45 \times 1667 =$ _____,45和15的关系可以这样建立:_____

"大家是否觉得自己快找到规律了?不过这才两个数,大家互相说几个数,试一试,看谁能猜到对方心里的秘密。"

小川说的尾数是3,他心里的秘密数是_____;

小文说的尾数是33,他心里想的秘密数是_____;

佳佳说的尾数是29,他心里想的秘密数是_____;

悠悠说的尾数是100,他心里想的秘密数是_____。

"哪位同学猜对了?请上台来给大家讲讲你的方法。"

"我是这样猜的。" 小文很自信的开始讲解。

"猜数的窍门是把对方告诉给你的尾数乘以3。并且,他报几位,你就在积的尾巴上截取几位。比如刚才小川说的是 9，他就要先算出 $1667 \times 7 = 11669$，然后他告诉了钟老师 9，钟老师用 $9 \times 3 = 27$，截取最后一位数 7，就是小川想的秘密数了。再比如我想的秘密数是 45，$1667 \times 45 = 75015$，我告诉老师 15，老师只需计算 $15 \times 3 = 45$，就得到了答案。由于乘 3 的运算特别简易，所以要不了几秒钟，结果就出来了。"

"为什么乘以 3 呀？"

"是呀，这是怎么回事呀？"有些同学还没有想通。

"因为 1667 乘以 3，正好等于 5001。用任何一位、二位或三位数与之相乘，积的末尾上便能'如影随形'般地反映出原先的乘数来。"小川补充道。

"其实是 $1667 \times 3 = 5001$，5001 再乘以秘密数呀！"

"看看秘密就是这么被破解的！那为什么一定要乘以 1667 呢？只乘以 7 或者 67 不行么？"

"其实，被乘数并不是非要用 1667 不可。如果要猜的数只是一位或二位自然数，那么，改用 467，1867，…也都可以，只要最后二位是 67 就行了。"钟老师解释说，"不过，1667 却是同类乘数中的佼佼者，因为它暗示我们，可以把这种被乘数任意拉长，例如 16667 等，使得猜数戏法更吸引人。有人把 1667 称为'数字镜子'，其命名是意味深长的。"

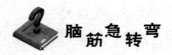

5. 请用 9 根火柴（不许损坏火柴）摆出 3 个正方形和 2 个正三角形。

6. 巧猜年龄

今天，文文爸爸很久没见面的一位朋友尚叔叔来文文家做客。两位大人聊了一阵后，文文放学回到家，尚叔叔说："这是文文吧，都这么大了啊，你今年几岁啊？"

文文说："尚叔叔好，您猜猜我几岁吧。"

尚叔叔说："还让我猜啊，那让我们来做个游戏，我就能猜出你今年几岁，信不信？"

文文说："好啊。那怎么玩呢？"

"把你的年龄乘以 2，加上 5，把所得之数再乘以 50，再加上一个小于 100 的正整数，你自己随便想一个就行啦，再减去一年（平年）的天数 365，然后把最后的答数告诉我。我马上就能猜出你的年龄，而且我还能猜到你想的那个整数是多少。"

文文想：我今年 12 岁，我想一个数是 36，那么按照尚叔叔所说的计算要求，文文的计算过程是：

(1) _____，

(2) _____，

(3) _____，

(4) _____，

(5) _____。

文文告诉尚叔叔的数字是：_____。

没想到话音刚落，尚叔叔就说："你今年 12 岁，你刚才想的数是
36。对吧？"

"咦，真奇怪。那您能再算算我舅舅的年龄吗？"

"当然可以啊。"

于是文文又按照刚才的步骤算了一遍，"结果是 3662。"

"那你舅舅今年 37 岁，你刚才想的数是 77。"

按照尚叔叔所说的计算要求，文文是这样算出 3662 的：

(1) _____，

(2) _____，

(3) _____，

(4) _____，

(5) _____。

"哎呀，太厉害了，尚叔叔你怎么猜出来的啊?"文文很好奇地问。

"这个当然是有秘诀啦，不过现在不告诉你，你去想想刚才的计算过程吧，然后叔叔再告诉你诀窍。"

文文别提多好奇了，马上跑到佳佳家，把刚才的情况跟佳佳说了一遍。佳佳也觉得很有意思，于是两个人拿着纸笔开始讨论起来。

佳佳说："咱们用字母代替数字，这样来找一下刚才的计算规律吧。"

文文说："好，咱们用字母 a 代替年龄，用字母 b 来代替心里想的那个数字，再算一下。那么要做的一系列计算动作，实际上就是:

> 文文和佳佳的计算推理过程是这样的:
>
> (1) _____ ,
>
> (2) _____ ,
>
> (3) _____ ,
>
> (4) _____ ,
>
> (5) _____ 。

"可是这又怎么猜出年龄和数字呢?"两个人看着计算结果，不知道该如何继续下去。

忽然，文文想起来一件事情："刚才我说了两个数字，一个是1121，一个是3662，佳佳你看，如果我把每个数字都加上 115，那就得到 1236 和 3777。""对啊，那前两位数就是年龄，后两位数就是你想的数字啊。"佳佳也发现了规律。

"所以当我说出数字后,尚叔叔就把 115 加在最后的数字之后,所得的显然是 $100a+b$,然后再根据十进位记数制的意义,拆为两段。很明显,前面一段是 a,后面一段就是 b 了。太棒了。我这就回家告诉他去。"

回到家里,文文把自己总结的规律告诉了尚叔叔。尚叔叔很惊讶地说:"文文真聪明,不过如果最后得到一个三位数怎么办呢?"

文文说:"三位数,那 $100a+b$,只能说明年龄是小于 10 岁啦。"

"太对了,那为什么我让你只能加上 100 以内的数字呢?"

同学们,这个问题你们来帮文文想想看。

参考答案

文文的计算过程是:

(1) $12 \times 2 = 24$,(2) $24 + 5 = 29$,(3) $29 \times 50 = 1450$,

(4) $1450 + 36 = 1486$,(5) $1486 - 365 = 1121$。

文文说出的数字是:1121。

文文和佳佳的计算推理过程是:

(1) $2 \times a = 2a$,(2) $2a + 5 = 2a + 5$,(3) $(2a + 5) \times 50 = 100a + 250$,(4) $100a + 250 + b = 100a + b + 250$,(5) $(100a + b + 250) - 365 = 100a + b - 115$。

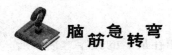

6. 强强家有三口人，爸爸比妈妈大两岁，今年全家共 60 岁，四年前全家共 50 岁。问：今天强强、爸爸、妈妈各多少岁？

7. 设计密码

　　这段时间小川迷上了电脑游戏，每天放学后飞快的写完作业，就打开电脑玩个不亦乐乎。一转眼期中考试就快到了，妈妈每天"唠叨"提醒他认真复习功课，他也不以为然。终于，爸爸看不下去了。他和小川签了一个协议，如果小川这次考试比上学期的期末测试退步了，他就会禁止小川玩电脑，反之小川的课余时间可以自己安排——也就是小川可以轻松的玩游戏，而不用听妈妈的"唠叨"了。

　　为了争取更多的自由游戏时间，小川很认真地做考前复习，可是由于前一段时间的松懈，功课漏洞太多，最终小川没能考出自己预期的成绩。甚至自己最拿手的数学科目竟然输给了佳佳，要知道平时佳佳遇到难题常常都会请教小川的，而这一次……小川十分懊悔自己前一段时间的放松，主动向爸爸保证在把成绩赶上去之前不会玩电脑了，并请爸爸给电脑设置了密码。

这一天生物老师布置了一项上网查阅资料的作业。小川觉得因为学习需要使用电脑，并不算破坏协议。可是爸爸这段时间在国外开会联系不上，没有办法告诉自己密码，这可怎么办啊？思考了一下，小川决定自己"破译密码。"

他尝试了爸爸的名字和生日，不对；家里的电话和爸爸手机号码，不对；一些简单的数字排列，也不对。无奈小川第二天上学时请几个要好的朋友帮忙猜猜爸爸会用什么密码。

文文说："试试你们三个人的姓名拼音或姓名缩写加上生日数字"。

"那不是有很多可能吗？"佳佳质疑道。

悠悠说："不会有很多种。我们先来整理一下，以小川为例，姓名ZHOUXIAOCHUAN 或 ZXC，生日是 1994 年 4 月 12 日，一般可能写作19940412、1994412、94412 或 940412。这样与名字组合起来就有八种可能，全家人加在一起共有 24 种可能。"

"嗯，如果生日在前姓名在后，就再增加 24 种可能，我回家后都试一下，应该没问题了。"小川自信满满地说道。

第二天小川垂头丧气的来到教室，可见小川爸爸并没有使用这种常用的密码。过了几天爸爸回家了，小川并没有要求爸爸告诉自己密码，他被热播的电视剧《暗算》的剧情吸引了。"如果我也能像 701 的工作人员那样破译密码，该有多酷啊！"小川暗暗地想到。

接下来的日子一有空闲时间，小川就跑到学校的图书馆和电子阅览室里查阅有关密码的知识。通过阅读他了解到密码学是一门跨学科技术科学，与数学、电子学、语言学、声学、信息论、计算机科学等有着密切的联系。在密码学中使用了大量数学领域的工具，如数论和有限数学等。小川虽然很认真的思考还是不太能理解资料中的知识，"还是自己的知识水平不够啊！"小川无奈地感慨道。不过转念一想爸爸也没有学过密码学，估计他也不会使用那么复杂的编码方法，到底爸爸使用了什么密码呢？

转眼就到了学期末，因为认真学习，小川的成绩有了很大的进步，爸爸主动要求把密码告诉小川。

"什么？11111！"小川叫到，"不可能，我试过的，这个并不是密码。"

"因为我用了双重加密的方法。"爸爸笑着说，"11111 这个数字很好记，一旦被别人发现很容易过目不忘的，所以我把它作了因数分解。$11111 = 41 \times 271$，把 2 个质因数连写 41271 就是我的第二层密码。只要输入 41271 就可以打开电脑了。"

"可是这样设置的密码也是简单的数字，保密效果会好吗？"小川觉得爸爸好像在故弄玄虚。

"你可以从质数表上找到更大的数字，像 $397 \times 743 = 294971$，$2381 \times 6947 = 16540807$。我们可以把 294971 和 16540807 作为第一道密码，把它们的质因数连写 397743 和 23816947 作为第二道密码，这样就增加了破译者的运算量。"看到小川听得不太起劲，爸爸接着说："分解质因数的方法是一种编制密码的原则，19 世纪 70 年代，有几位科学家就是用这个方法编制了当时世界上最难破解的密码锁，他们估计人类要想解开他们的密码，需要 40 个 1 千万万年。可是他们没有预计到计算机技术能发展得如此迅速，十几年后 600 位专家使用计算机联网仅用了 8 个月就破解了这个密码。所以万一有人进入我们的电脑，窃取到信息，会给我们的生活工作带来不小的麻烦。我们有必要为自己的电脑设置一个安全的密码锁。"

"哦，原来这样，这可能就是那些我看不太懂的密码学知识的简单应用吧。可是质因数这么大，万一自己忘记了密码，怎么办啊？"小川有点担心。

"分解质因数只是一种编制原则，"爸爸看在眼里提醒道，"联系学过的知识你可以自己制定编码规则啊。"

小川若有所思地离开了。

几天后小川拿着一张纸开心的指给爸爸看，纸上写着：

小川：XIAOCHUAN $\xrightarrow{\text{轴对称变化}}$ NAUHCOAIX

生日 1994 年 4 月 12 日：

$1994^2 - 412^2 = (1994 + 412) \times (1994 - 412) = 2406 \times 1953 \rightarrow 24061953$

$(4 + 12)^2 = 4^2 + 241^2 + 12^2 = 16 + 96 + 144 \rightarrow 1696144$

这样小川就有了 3 个别人容易想到的个性密码了。

同学们，我们也来编写一个密码吧！

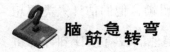
7. 如果 $abc + cdc = abcd$ 这个等式成立，其中每个字母代表一个个位数，那么 $abcd$ 各等于几？

8. 数字入诗别样美

小川在语文课上学了不少古诗，还整天念念有词的背诵，兴致来了还会翻开妈妈专门为他买的《唐诗三百首》，大声朗读。这不，他又开始朗读自己喜欢的诗人杜甫的诗句了：

　　　　两个黄鹂鸣翠柳，

　　　　一行白鹭上青天。

　　　　窗含西岭千秋雪，

　　　　门泊东吴万里船。

——杜甫的《绝句》 图1-8-1　两只黄鹂鸣翠柳

大声朗诵了好几遍之后小川发现，这首诗中有数字的身影，比如一、千、万。"两个"写鸟儿在新绿的柳枝上成双成对歌唱，呈现出一派愉悦的景色。"一行"则写出白鹭在"青天"的映衬下，自然成行，无比优美的飞翔姿态。"千秋"说明雪景时间之长。"万里"描写了船景空间之广，给读者以无穷的联想。这首诗一句一景，一景一个数字，构成了一个优美、和谐的意境。

　　小川查阅相关资料得知，当一首诗中大多数句子都有数字时，就称之为数字诗。而且数字诗并不少见，有人统计过仅《唐诗三百首》中，就有一百三十首诗中嵌有数字。小川一直以来都觉得语文和数学完全不同的两个科目，没想到它们之间也有这样奇妙的联系。于是，他召集了佳佳、悠悠、小文，一起来找这样的数字诗。以下就是他们的成果，你也一起参与进来吧！

小川的发现——

　　王士禛作过的一首《题秋江独钓图》是很有名的数字诗，全诗共用九个"一"：

一蓑一笠一扁舟，一丈丝纶一寸钩；

一曲高歌一樽酒，一人独钓一江秋。

清代女诗人何佩玉曾写过一首诗，连用十个"一"却不显重复：

一花一柳一点矶，一抹斜阳一鸟飞。

一山一水一中寺，一林黄叶一僧归。

还记得小时候听过的关于徐文长的故事吗？他是明朝人，多才多艺，很擅长做数字诗：

一

一片一片又一片，二片三片四五片，

六片七片八九片，飞入梅花都不见。

魅力数字篇

二

一车二人牛三头，五岳名人四处游。

六寨七村随意住，八九十天乐悠悠！

这两首诗自然流畅，数字使用得巧妙恰当，在当时引起了不小的轰动。

小文的发现——

小文发现，不仅在做诗时妙用数字，古人还常常在对联中使用数字。如：

乾八卦，坤八卦，八八六十四卦，卦卦乾坤已定；

鸾九声，凤九声，九九八十一声，声声鸾凤和鸣。

这是纪晓岚少年时期的对联，此联巧用了数字成对，上联构思奇特，下联对仗贴切，数字和乘法运算合理、自然，是数字对联中的经典之作。

又如：

花甲重开，外加三七岁月；

古稀双庆，内多一个春秋。

这副对联上联是清代乾隆皇帝出的，下联也是才子纪晓岚所对，上下联中隐含了一个数，是一位老人的年龄。上联的算式：$2 \times 60 + 3 \times 7 = 141$，下联的算式：$2 \times 70 + 1 = 141$。

上面提到的神童徐文长就曾经用数字对联与一位知县和对，赢了十两银子。

知县举办"童子宴"，安排全县十五岁以下儿童参加。知县的上联是：

一石籼稻，磨、舂、筛、簸，只剩下四斗七八升净米。

上联中一石（担）为十斗，十升为一斗。

徐文长想起几天前到一油坊去买麻油的事，对出了下联：

百合芝麻，炒、蒸、碾、榨，才得到三斤五六两清油。

徐文长的下联包含生产过程，对得工整绝妙，浑然天成，当即赢得十两纹银。

相传明朝时，有个穷秀才颇有才学。但因当时科举场上徇私舞弊之风盛行，他屡试不中。过了一年，又到开科考试了，他听说主考官廉洁奉公，任人唯贤，于是打点行装，赴京城再次应举。路途遥远，秀才虽然日夜兼程赶路，可当他到达京城时，考试已经结束。情急之下秀才吟诵了这副对联：

一叶孤舟，坐了二三个骚客，启用四桨五帆，经过六滩七湾，历尽八颠九簸，可叹十分来迟。

十年寒窗，进了九八家书院，抛却七情六欲，苦读五经四书，考了三番二次，今天一定要中。

通过这副对联既婉转地向主考解释了迟到的原因，又展示了寒窗苦读之后对金榜题名志在必得的信心。主考十分赏识他，同意他参加科考，结果这个穷秀才中了当年的解元。

你看出这副对联的奥妙了吗？你查找的对联中有类似的吗？

佳佳的发现——

佳佳将神勇无敌的孙悟空视为自己的偶像，也十分喜欢看《西游记》，他在古典名著《西游记》第三十六回中，发现作者吴承恩写了一首名为《一轮明月满乾坤》诗和小文提到的对联有类似的特点：

十里长亭无客走，九重天上现星辰。

八河船只皆收港，七千州县尽关门。

六宫五府回官宰，四海三江罢钓纶。

两座楼头钟鼓响，一轮明月满乾坤。

这首诗本是表达师徒四人取经一路的寂寞与艰辛，而诗中嵌入的十个数字由大到小紧凑别致，反倒增添了一些轻松的意味。

有些读者用诗中的数字做起了游戏。方法是把诗中的十个数字取出，顺次排列就得到10987654321。不打乱顺序，在这十一个数字中添加适当的数学符号，组成十个算式，使计算结果分别等于10、9、8、7、6、5、4、3、2、1。

下面就是一个例子：

$10 + 9 - 8 - 7 + 6 + 5 - 4 - 3 + 2 \times 1 = 10$；

$(10 + 98 - 76) \times 5 \div 4 \div (3 + 2) + 1 = 9$；

$(10 + 9 + 8 - 7) \times 6 \div 5 \div 4 + 3 - 2 + 1 = 8$；

$(109 - 87) \div (6 + 5) + 4 + 3 - 2 \times 1 = 7$；

$(10+9+8-7-6) \times 5-43-21=6$；

$(10+9+8+7+6) \div 5-4 \div (3-2)+1=5$；

$10 \times 9-87+65-43-21=4$；

$(109-8+7) \div 6-54 \div 3+2+1=3$；

$(109+87-6) \div 5-4-32 \times 1=2$；

$(10 \times 9-87) \div (6 \times 54-321)=1$。

当然，满足条件的式子不止一组，感兴趣的同学们也可以自己算一算。

悠悠的发现——

悠悠则在搜集资料的过程中发现，诗中还有数学计算呢！

测试一下：你能读懂古人的心情吗？

问题一：郑板桥在当县令时看见一户人家门上贴了这样一副对联。上联，二三四五；下联，六七八九。横批，南北。他马上差衙役给这户人家送去了他们需要的东西。你能猜到他送了什么吗？

问题二：司马相如和卓文君成亲后不久，就去京城做官了。卓文君苦苦等待，但他一直没有回家。五年后，卓文君收到了司马相如的家书。内容很短"一二三四五六七八九十百千万"。卓文君看后伤心欲绝，你知道为什么吗？

卓文君是历史上有名的女子，才貌双全。在收到丈夫那封负心的家书之后，她也回复了一首数字诗，表达了自己对感情的忠贞。司马相如收到后十分惭愧，打消了休妻的念头，把卓文君接到京城。感兴趣的同学们可以自己找找这首《文君复书》读读看。

参考答案

1. 这户人家的对联上联缺一，下联少十，横批南北，意为"我家缺衣少食，没有东西过年了。"所以清官郑板桥差人送去了衣物和粮食。

2. "一二三四五六七八九十百千万"，从一起，到万止，没有"亿"。司马相如告诉卓文君"我已无意于你"。

脑筋急转弯

8. 现在有10个袋子，每个袋子里有10个硬币，有9个袋子里的硬币是真的，有1个袋子里的硬币是假的，真的硬币每个重10克，假的硬币重11克。请问：如何可以一次称出哪个袋子的硬币是假的？注意：必须是一次称出！

边玩边学数学

9. 分篮问题

中秋快到了，小川爸爸特意买了几箱又大又甜的红富士，准备过节吃或者送亲朋好友，小川一直很喜欢吃苹果。见到爸爸一次买了这么多，开心极了，心想，这下可以敞开肚皮吃苹果了。他刚拿起一只大苹果，爸爸就阻止了他：

"想吃苹果可以，不过你得想办法把他们分一分。"

"分一分？怎么个分法？"

爸爸开始考小川了：

"假设每只篮子的容量都足够大，可以让你装入 250 以内的任意数量的苹果，怎样把 250 只苹果巧装在 8 只篮子里，然后不管你要多少只苹果，都不需要一只只的数，只要拿几只篮子就可以了。"

怎样才能做到呢？小川仔细思考一下，如果把 250 分成 8 个数的和，使得 1 到 250 之间的每个自然数都可以用这 8 个数中若干个数的和来表示。

他首先把 8 只篮子进行编号①、②、③、…、⑧，然后依次装入 1、2、4、8、16、32、64、123 只苹果，这样 250 只苹果刚好全部装进去。现在，不论要拿多少苹果，只要计算一下，然后拿几只篮子就可以了。

例如 55 = 32 + 16 + 4 + 2 + 1，因此只要拿走①②③④⑤⑥号篮子，就正好是 55 只苹果。不相信的话，你可以试试看，1 到 250 之间所有的数字，都可以不重复地由上面 8 个数字相加得到。

聪明的小川发现还有其他的分法，⑦号篮子装 62 只，⑧号装 125只，其余的不变，这也是一个正确的答案。

为什么要这样来分篮呢？爸爸更深一步解释了小川的解答过程。

让我们仅从数字的角度来研究，思路会更清晰。我们需要先了解一下计数制度的原理。

我们通常所用的计数制度是十进位制。在十进制中，所用的数码一共有 10 个，它们是 0、1、2、…、9；所用的位率是逢十进一的。用这些数码和位率，同样也可以写出任何一个自然数。

而计算机编码所采用的是二进位制。在二位进制中，所用的数码一共有两个：0 和 1；用二进位制是逢二进一的。用这些数码和位率，同样也可以写出任何一个自然数。

我们来看看十进位制和二位进制只之间的换算。例如 55，是 32、16、4、2、1 的和，用二进位制表示就是 110111。而 110111 换算成十进制等于 $1 \times 2^5 + 1 \times 2^4 + 1 \times 2^3 + 0 \times 2^2 + 1 \times 2^1 + 1 \times 2^0 = 32 + 16 + 4 + 2 + 1 = 55$。

现在我们容易理解上面问题的答案了，分解的数字分别为 1、2、

4、8、16…，因为这样分解以后，每一个篮子也就相当于二进位制的每一位，它只有两种选择：1 和 0，也就是说只这个篮子是"要拿"还是"不要拿"。而篮子的编号也正是二进位制数的位数，例如 55 就等于二进位制的 110111；也就是如果拿第 1、2、3、5、6 只篮子，就正好拿了 55 只苹果，与小川上面的答案相同。

脑筋急转弯

9. 兄弟二人遇到一家书店，二人都想买一本书，哥哥差 5 块钱，弟弟差 1 分钱，兄弟二人合起来买一本书可是钱还是不够。大家说这本书到底多少钱？

10. 鬼神避之的幻方

姑姑从西藏出差回来，给文文带回不少礼物，其中文文最喜欢的就是那个古朴大气的藏族护身符。

这个护身符上有很多文字和动物的图形，文文发现最中间的圆圈里，似乎画的是"九宫格"。文文很好奇，数字怎么也画进护身符了呢？带着疑问，他请教了老师。

图 1-10-1　藏族护身符

图 1-10-2　藏族护身符中的九宫格

钟老师告诉文文，护身符中间的图案确实是"九宫格"。相传"九宫格"起源于远古时代，是上天的启示，因此一些东方的宗教认为它具有护身的功效。由 9 个数字排成的 3×3 方阵中，每横行、竖列和对角线的 3 个数字之和相等，西方人认为这些数字的排列很神秘，能使鬼怪迷惑，是可以起到辟邪作用的。

"看来古代人还真是很迷信啊！"文文心里想。钟老师建议文文了解一些幻方的知识，因为这个神秘的"九宫格"就是最简单 3 阶幻方。

回到家文文开始查找幻方的知识。

幻方是指在一个由若干个排列整齐的数组成的正方形。这个正方形中任意一横行、一纵行及对角线的几个数之和都相等。

相传大禹治理洛河时出现一只神龟，背上有一幅图被称之为"洛书"。古人用文字描述为："戴九履一，左三右七，二四为肩，六八为足，五居中间。"

由"洛书"演变形成的"九宫格"，它的每行、每列和 2 条对角线的 3 个数字之和都是 15。这 9 个数字排成 3 行 3 列的正方形，所以称它为 3 阶幻方。

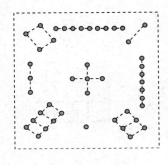

图 1-10-3　九宫格

4	9	2
3	5	7
8	1	6

图 1-10-4　三阶幻方

4 阶幻方就是由 16 个数字组成的 4 行 4 列正方形。

11	1	16	6
2	8	9	15
14	12	5	3
7	13	4	10

图 1-10-5　4 阶幻方

世界上有很多人对求解幻方感兴趣，下面就请同学们和小川共同完成几种幻方的解答吧。

3 阶的幻方可以采用这样的解法：

在空白的 3 阶方阵每条边的中间处向外延伸一个空格（如图 1-10-6），然后把数字 1 至 9 按下面的方法填入（如图 1-10-7），然后把虚框里的数字填写到本行或本列中较远的空格内，如 1 填入原图 1-10-7 中 9

魅力数字篇

47

的上方，3 写入 7 的左方（如图 1-10-7）。这样子我们就得到了 3 阶幻方（如图 1-10-8）。

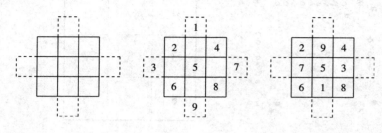

图 1-10-6   图 1-10-7   图 1-10-8

我们采取同样的方法构造 5 阶幻方。

在空白的 5 阶方阵每条边的中间位置向外延伸 3 + 1 空格（如图 1-10-9），

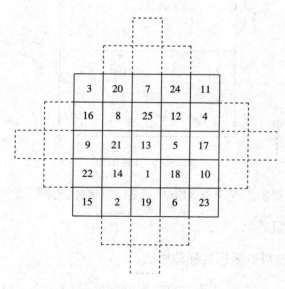

图 1-10-9

把数字 1 至 25 斜向填入格内（如图 1-10-10），

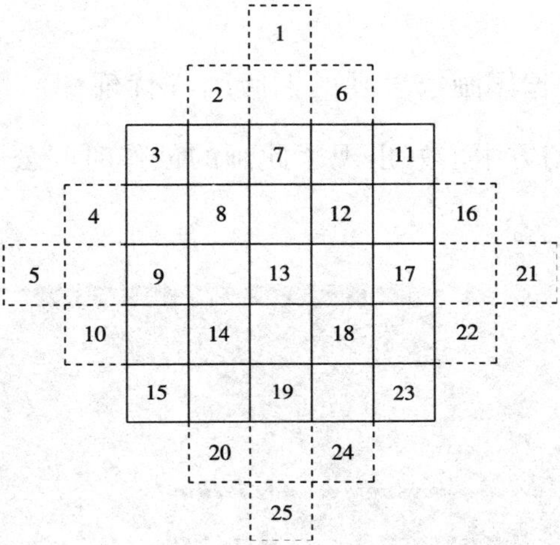

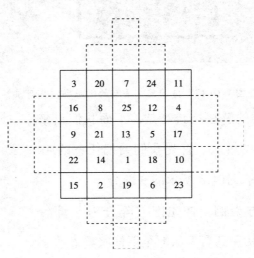

图 1-10-10

最后把虚框里的数字填入本行或本列较远的空格处，就做出了和数
（指每行或每列的数字和）为 65 的 5 阶幻方。

图 1-10-11　5 阶幻方

奇数阶幻方都可以采用这种方法求解，请你来构造 9 阶和 11 阶的幻方吧。

图 1-10-12 是德国画家丢勒的铜版画《忧郁症》，图画的右上角是一个 4 阶幻方，幻方中恰好出现了此画的创作时间公元 1514 年。据说这是欧洲最早的幻方。

图 1-10-12　德国画家丢勒的铜版画《忧郁症》

偶数阶幻方的解法比较复杂，下面我们只来学习 4k 阶幻方的解法。首先我们要把任意的 4k ×4k 方阵分为图 1-10-13 所示的 9 部分。

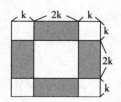

图 1-10-13　4k 阶幻方

以 4 阶幻方为例，首先把方阵分为 9 部分（图 1-10-14），从左到右、从上至下依次填入数字 1 至 16（图 1-10-15）。把涂有阴影的数字上下两行交叉对调（图 1-10-

16），左右两列交叉对调，就得到了和数为 28 的 4 阶幻方（图 1-10-17）。

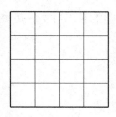

图 1-10-14

1	2	3	4
5	6	7	8
9	10	11	12
13	14	15	16

图 1-10-15

1	15	14	4
5	6	7	8
9	10	11	12
13	3	2	16

图 1-10-16

1	15	14	4
12	6	7	9
8	10	11	5
13	3	2	16

图 1-10-17

下面我们再练习一下 8 阶幻方的解法。把方阵分成 9 部分，依次填入数字 1 至 16（图 1-10-18），再把阴影部分数字交叉调换位置，就求得了一个 8 阶幻方（图 1-10-19）。

1	2	3	4	5	6	7	8
9	10	11	12	13	14	15	16
17	18	19	20	21	22	23	24
25	26	27	28	29	30	31	32
33	34	35	36	37	38	39	40
41	42	43	44	45	46	47	48
49	50	51	52	53	54	55	56
57	58	59	60	61	62	63	64

图 1-10-18

1	2	62	61	60	59	7	8
9	10	54	53	52	51	15	16
48	47	19	20	21	22	42	41
40	39	27	28	29	30	34	33
32	31	35	36	37	38	26	25
24	23	43	44	45	46	18	17
49	50	14	13	12	11	55	56
57	58	6	5	4	3	63	64

图 1-10-19

请你根据上面介绍的方法，做出一个 16 阶幻方吧？

3 阶以上的幻方解法都不唯一，其中 4 阶幻方共有 880 种，其中还不包括通过对称和旋转可重复的幻方。幻方的种类也有很多，如一般幻方、对称幻方、完美幻方、平面幻方（二维）、三维立方、多维幻方等等。

现在让鬼神们望而却步的幻方吸引了很多人的兴趣，世界各地有大批的"幻方迷"致力于发现和解决各种难题，感兴趣的同学们不妨到专业的网站去了解更多有趣的幻方知识吧！

脑筋急转弯

10. 什么时候 10 + 10 = 10，10 − 10 = 10 这两个等式都能成立？

美丽图形篇

1. 证明不需要语言

数学课上，钟老师告诉大家，几何学是一门古老的科学，在古希腊，数学是从几何学开始的，这是由于几何学与生活密切相关。所以，即使是数量，古希腊人也要用图形来表现。实际上，表示"平方"的单词"square"来自求正方形（square）的面积；表示"立方"的单词"cube"来自求正方体（cube）的体积。而且许多代数公式是可以用几何学的语言——图形来证明的。

小川平时就很喜欢动手，听了钟老师对几何学的解释，他召集了文文、佳佳和悠悠一起动手用几何语言论证了几个之前学习过的简单代数式。

动手论证一：

（1）$(a + b)^2 = a^2 + 2ab + b^2$

（2）$(a - b)^2 = a^2 - 2ab + b^2$

材料：纸、彩笔、尺子

步骤：

（1）用尺子画两个边长分别为 $(a + b)$、a 的正方形，在相邻两条边上分别标上 a、b。

（2）用彩笔涂上不同的颜色，并分别标上Ⅰ、Ⅱ、Ⅲ、Ⅳ。

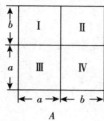 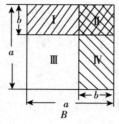

图 2-1-1

根据图形完成下列问题：

如图 2-1-1：A、B 两图均为正方形

（1）图 A 中正方形的面积为_____（用代数式表示），图Ⅰ、Ⅱ、Ⅲ、Ⅳ的面积分别为_____、_____、_____、_____。

（2）图 B 中，正方形的面积为_____，图Ⅲ的面积为_____，图Ⅰ、Ⅱ、Ⅳ的面积和为_____，用图 B、Ⅰ、Ⅱ、Ⅳ的面积表示图Ⅲ的面积为_____。

分别得出结论：_____

_____

你还可以用这种方法证明别的公式吗？试试看吧！

动手论证二：

材料：纸、彩笔、尺子。

步骤：

（1）用尺子画一个边长为 a 的正方形，在相邻两条边上分别标上 a、b。

（2）用彩笔涂上不同的颜色，并分别标上Ⅰ、Ⅱ、Ⅲ、Ⅳ。

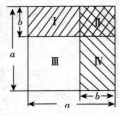

（3）用剪子将正方形剪开为Ⅰ、Ⅱ、Ⅲ、Ⅳ四部分。

（4）将Ⅰ拼接到Ⅳ的右边。

图 2-1-2

讨论：将会出现什么结果？

拓展：如何证明勾股定理呢？

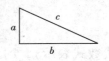 $a^2 + b^2 = c^2$

图 2-1-3

方法一：将 4 个全等的直角三角形拼成如图 2-1-4 所示的正方形。

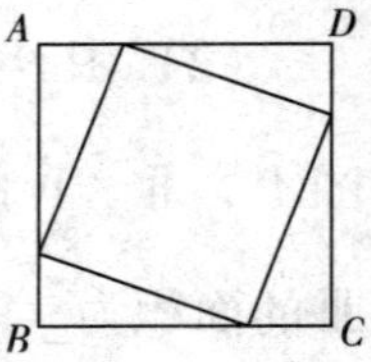

$$S_{正方形ABCD} = (a+b)^2 = c^2 + 4 \times \frac{1}{2}ab$$

$$\therefore a^2 + b^2 = c^2$$

图 2-1-4

方法二：将 4 个全等的直角三角形拼成如图 2-1-5 所示的正方形，

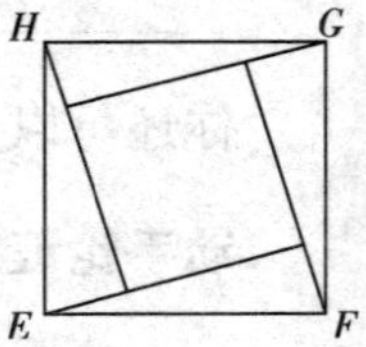

$$S_{正方形EFGH} = c^2 = (b-a)^2 + 4 \times \frac{1}{2}ab$$

$$\therefore a^2 + b^2 = c^2$$

图 2-1-5

边玩边学数学

方法三："总统"法。如图 2-1-6 所示，将两

个直角三角形拼成直角梯形

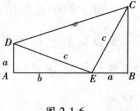

图 2-1-6

$$S_{正方形ABCD} = \frac{(a+b)(a-b)}{2} = 2 \times \frac{1}{2}ab + \frac{1}{2}c^2$$

$$\therefore a^2 + b^2 = c^2$$

脑筋急转弯

11. 下面是一道单项选择题：

_____是_____，_____是_____

选项：A (a, c)　　B (d, c)　　C (a, b)　　D (e, c)

其中 a、d、e 是用来回答第一空的，b、c 则是用来回答第二空的。

如：A 中的 a 用来回答前一空，c 用来回答后一空。现在小明一眼就看

出 C 选项中有错，但不知道错在 a 上还是 b 上，或者是 a 和 b 都错了，

如果每个空只有一个正确答案，并且小明此时仍然无法判断选项，那么

请你来判断一下可能是正确的一个或几个选项。

2．巧分蛋糕

星期六是小川的生日，佳佳、文文、悠悠和几位同学都到家里来

玩，加上爸爸妈妈一共是 8 个人，很是热闹。大家唱起了生日歌。熄了

灯，点上蜡烛，小川对着烛光默默地说出了自己的心愿，然后一口气吹灭了蛋糕上的 12 根蜡烛。小川的妈妈拿出切蛋糕的塑料刀，让小川把蛋糕给大家分了。"切的要一样大呀！"大家纷纷叫嚷着，气氛非常热烈。

小川说："太简单啦，横切一刀，纵切一刀，拦腰再一刀，正好 8 块。"

悠悠嚷道："不行不行，你这样切，下面的蛋糕上没有奶油，就不好吃了。"

小川看了看蛋糕，蛋糕是漂亮的正六边形，"要是少两个人就好了。不对，要是再多 4 个人就好了。"小川暗暗地想。"那怎么切成 8 块呢？"

这时候文文说："要是想公平的话，切出的蛋糕不但面积要相等，而且形状也要完全一样，这样就不能拦腰切了。"

爸爸说："我来给你们切蛋糕吧。看看能成功不？"

于是小川爸爸切出了如图 2-2-1 的形状。

小川说："咱们先来看看，爸爸的切法能不能公平的切出 8 块蛋糕呢？"

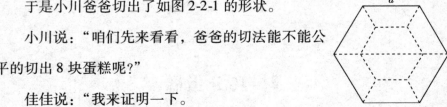

图 2-2-1

佳佳说："我来证明一下。

设正六边形每边的长度为 a，从正六边形中心向 6 个顶点作连线，可将六边形分成 6 个全等的正三角形，由于

$$S_{正三角形} = \frac{1}{2}a^2\sin 60° = \frac{\sqrt{3}}{4}a^2$$

于是

$$S_{正六边形} = \frac{\sqrt{3}}{4}a^2 \times 6 = \frac{3\sqrt{3}}{2}a^2$$

切成 8 块以后，每块蛋糕的截面积应该为 $\frac{3\sqrt{3}}{2}a^2 \times \frac{1}{8} = \frac{3\sqrt{3}}{16}a^2$。

从图 2-2-1 可以看出，每块蛋糕的形状都是等腰梯形，于是，必须

让每个梯形的高是 $\frac{\sqrt{3}}{4}a$，下底边长是 a，上底的边长就是 $\frac{a}{2}$，由梯形面

积公式得 $\frac{1}{2}\left[\left(\frac{a}{2}+a\right)\times\frac{\sqrt{3}}{4}a\right] = \frac{3\sqrt{3}}{16}a^2$

就是说，爸爸的切法完全可以实行，只要切 11 刀就可以。"

爸爸说："那我就开始切了啊。"

"等一下，还有别的方法，只要切 5 刀就行啦。"小川忽然说道。

"不可能吧？5 刀就能切？小川你别吹牛啊。"大家都不相信。

于是大家还是按照爸爸的方法分了蛋糕。吃完饭后，小悠忽然想起

来小川刚才说的 5 刀切蛋糕，于是大伙又讨论起来。

小川拿出一张纸，画出了一个正六边形，然后在

六边形上画了 5 条线，如图 2-2-2。

看着图形，大伙还真的很感兴趣。"这样好像能

成功啊，可是切成的是直角梯形，那上底边和下底边

应该是多少呢？"小文自言自语道。

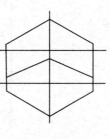

图 2-2-2

首先按照图形，这 8 个直角梯形的高应该都是 $\frac{\sqrt{3}}{2}a$，

设梯形的上底为 x，下底为 y，由图可知 $3x + y = a$，$x + 3y = 2a$，于是解方程，得上底的长度应该为 $\frac{1}{8}a$，下底的长度应该为 $\frac{5}{8}a$，然后再用

梯形面积公式得到 $S_{梯形} = \frac{1}{2}\left[\left(\frac{1}{8}a + \frac{5}{8}a\right) \times \frac{\sqrt{3}}{2}a\right] = \frac{3\sqrt{3}}{16}a^2$。

小川的方法也完全可以，只要横切两刀，纵切一刀，斜切两刀即可。

这时候爸爸说："你们看这两种切法有一个共同点是什么呢？"

小文说："都有一刀过六边形的中心，因为正六边形是中心对称图形，所以要平分，就必须过中心。"

大家都很高兴，这时佳佳又说："平分图形多有趣啊。我也有一个图形，咱们来一起分分看吧。"

于是佳佳也在纸上画了一个图形，如图 2-2-3。

图 2-2-3

佳佳接着说道："现在要将几何图形划分成形状、大小相同的4块，并使每个里面有1个黑1个白。"

几个同学又开始动起脑筋来。

同学们，你们也来试试看好吗？

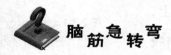 脑筋急转弯

12. 几根火柴摆成了"XI + I = X"的样子（罗马数字 11 + 1 = 10），问至少移动几根火柴，才能使等式成立？

3. 巧手折纸

文文："我今天真粗心，昨天做完作业把量角器和三角板都忘在家里了，现在要画30°的角都没有办法了。"

佳佳："其实没有这些学具你也照样能画出个准确的30°角来。"

文文："快说说。"

佳佳从书包里掏出一张长方形的纸，笑着说道："就用它。"

文文瞪着惊奇的眼睛，惊诧的问道："什么？就用它？你不是在开玩笑吧！"

佳佳不紧不慢地说道："你看清楚我是怎么折的，一会你就明

白了。”

说着他完成了以下的操作过程：

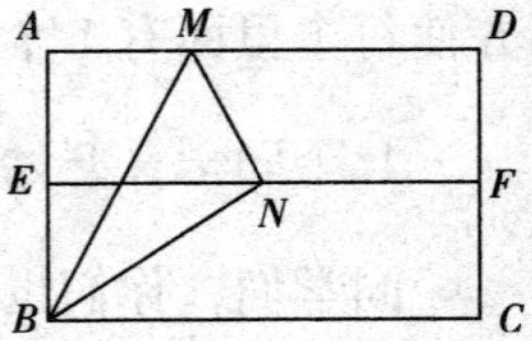

（1）如图 2-3-1，对折矩形纸片 *ABCD*，使 *AD* 与 *BC* 重合，得到折痕 *EF*，把纸片展平；

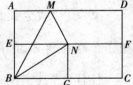

图 2-3-1

（2）再一次折叠纸片，使点 *A* 落在 *EF* 上，并使折痕经过点 *B*，得到折痕 *BM*，同时得到线段 *BN*。

佳佳："好啦，30°的角已经折好啦！"

同学们，请你们猜测∠*ABM*、∠*MBN* 和∠*NBC* 这三个角有什么样的关系？也许文文的问题和你的疑问一样呢！

文文："这三个角的确看上去好像是相等关系，老师上课的时候说过，结论一定要通过严密的几何证明才能说明它是否真的正确。"

佳佳："那咱们一起来证明一下吧。"

分析：

（1）通过对折方式可知，点 *E* 是线段 *AB* 的_____，即 *BE* = _____*AB*；

（2）通过翻折可知，△*ABM* _____ △*MBN*，则 *AB* _____ *NB*，∠*ABM* _____ ∠*NBM*；

图 2-3-2

（3）做 *NG*⊥*BC* 于点 *G*，很容易证明 *NG* _____ *BE*，从而可知，*NG* = _____ *BN*，在直角三角形中，可以分析出∠*NBG* = _____°。

同学们，咱们把证明过程整理一下吧。

文文："通过证明可知，这的确是从矩形中得到的30°的好方法，简单而准确。佳佳你可真聪明呀！"

佳佳："这种方法不但可以得到30°，还可以得到15°、60°、120°、150°。其实关于折纸的数学问题还有好多呢！来看看吧"

1. 莫比乌斯带

剪两张纸条，把它们的两面分别涂上红（灰底）、蓝（白底）两种颜色，用它们做成两个环，其中一条由线条两端直接黏合（如图2-3-3），另一条是把纸条先扭半圈（如图2-3-4），再把两端黏合。

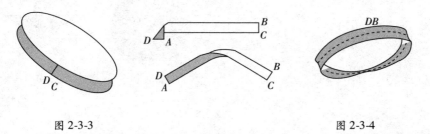

图 2-3-3　　　　　　　　　　　　　　　　　图 2-3-4

（1）在图2-3-3的环的灰面的一只蚂蚁，能否不越过纸条边缘而爬到白面？

（2）如果这只蚂蚁在图2-3-4的环上爬行，情况又会怎样呢？用铅笔尖沿着蚂蚁可能爬行的路线试一试。

图2-3-4的环状带叫作莫比乌斯带，它是拓扑学中单侧曲面的一种模型。如果你以后更深入地学习数学，你会遇到更多这种有趣的图形。

用剪刀沿图2-3-4中的虚线剪开莫比乌斯带，你有什么发现？

如果将纸条多转几圈再粘在一起还有这样的结论吗？

2．巧画五角星

如图 2-3-5，仿照下面的步骤画一个五角星：

（1）任意画一个圆；

（2）以圆心为顶点，连续画 72°（即 360°÷5）的角，与圆相交于 5 点；

（3）连接每隔一点的两个点；

（4）擦去多余的线，就得到五角星。

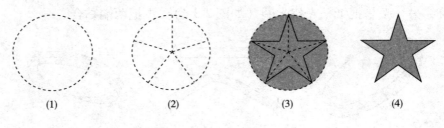

（1）　　　　　　　（2）　　　　　　　（3）　　　　　　　（4）

图 2-3-5

你能说出这种画法的道理吗？你还有其他的画法吗？

类似地，你能画出一个六角星吗？

3．黄金矩形

还记得我们在前面的章节里讨论过的"建筑中的黄金比"吗？黄金矩形是一种非常美丽且令人兴奋的数学对象，其拓展已远远超出了数学的范围，在艺术、建筑、自然界，甚者广告都有应用，心理学测试表明，在矩形中黄金矩形最为令人赏心悦目。你认识下面这两座世界闻名的建筑物吗？虽然不是同一个国家建造的，它们的建筑师却不约而同地利用了黄金矩形来为自己的作品增色。

边玩边学数学

图 2-3-6　法国巴黎圣母院　　　　　图 2-3-7　印度泰姬陵

那么什么是黄金矩形呢？所谓黄金矩形就是宽与长的比是 $\dfrac{\sqrt{5}-1}{2}$

（约为 0.618）。下面我们就来折叠出一个黄金矩形。

（1）在一张矩形纸片的一端，利用图 2-3-8 的方法折出一个正方形，然后把纸片展平；

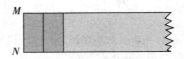

图 2-3-8　　　　　　　　　图 2-3-9

（2）如图 2-3-9，把这个正方形折成两个相等的矩形，再把纸片展平；

（3）折出内侧矩形的对角线 *AB*，并把它折到图 2-3-10 中所示的位置 *AD* 处；

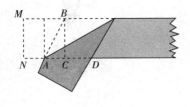
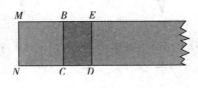

图 2-3-10　　　　　　　　　图 2-3-11

（4）展平纸片，按照所得的 D 点折出 DE，矩形 $BCDE$ 就是黄金矩形。你能说明为什么吗？

4. 折纸的艺术

在生活中，人们充分利用纸张折出智慧、折出美丽，下面就让我们一起动手试试吧（图 2-3-12）。

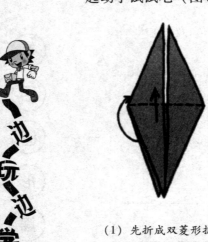

（1）先折成双菱形折，　　　　（2）两侧沿虚线，　　　　（3）再向中心线折
　　　下面两角再向上折　　　　　　　向中心折

（4）向下折，其他　　　　（5）把花瓣尖端　　　　（6）完成
　　　三片也一样　　　　　　用笔卷一卷

图 2-3-12　百合花

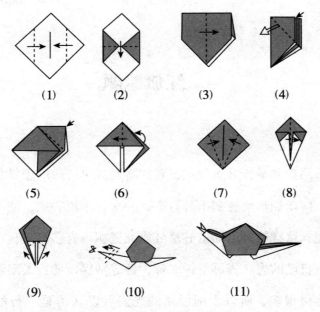

(1)　　　　(2)　　　　(3)　　　　(4)

(5)　　　　(6)　　　　(7)　　　　(8)

(9)　　　　(10)　　　　(11)

图 2-3-13　蜗牛

你还有自己独特的设计吗？拿出来和大家一起分享一下吧。

 脑筋急转弯

13. 一个人花 8 块钱买了一只鸡，9 块钱卖掉了，然后他觉得不划算，花 10 块钱又买回来了，11 块钱买给另外一个，问他赚了多少？

4. 红旗飘飘

学校每周都要举行升旗仪式，每次看到五星红旗随着雄壮的国歌声冉冉升起，同学们都会感到十分自豪。一次，小川心想，能不能测出旗杆的高度呢？这样就可以知道五星红旗究竟飘得有多高啦！

小川将自己的想法告诉了钟老师，钟老师提示他：太阳距离我们要比旗杆遥远得很多，所以太阳射来的光线可以认为是平行的，你想一想，既然太阳光射下来的角度相同，旗杆长与影长有关系呢？如果你这时站在操场上，你的身高和影长也会具有相同的比例关系。

得到了老师的指点，小川又约了佳佳、文文和悠悠，一起利用太阳光以及三角形的相似关系测量得到旗杆的高度。

首先，他们准备了一些材料：标杆（一根，至少 5 米）、刻度尺（一把，1 米长），粉笔。

他们四人分成两组，小川和佳佳一组，文文和悠悠一组。

在观测者与旗杆之间的地面上直立一根高度适当的标杆，观测者适当调整自己所处的位置，当旗杆的顶部、标杆的顶端与眼睛恰好在一条直线上时，测出观测者的脚到旗杆底部的距离，以及观测者的脚到标杆底部的距离，然后测出标杆的高，利用相似三角形相关知识计算。

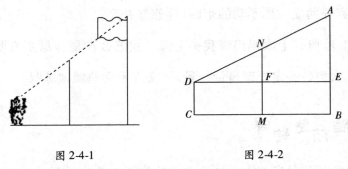

图 2-4-1   图 2-4-2

（在 $\triangle ADE$ 和 $\triangle DNF$ 中通过相似三角形得到，求得 AE，最后求得 AB 的长。）

小川说："利用咱们的方法，还可以测量金字塔的高度呢。让我给大家讲个故事吧。

"有一天，泰勒斯看到人们都在看告示，他也上去看，原来告示上写着法老要找世界上最聪明的人来测量金字塔的高度。泰勒斯就去找法老了。法老问泰勒斯用什么工具来量金字塔。泰勒斯说只用一根木棍和一把尺子，大家都觉得很奇怪。他把木棍插在金字塔旁边，等木棍的影子和木棍一样长的时候，就去量金字塔。他量了金字塔影子的长度和金字塔底面边长的一半。把这两个长度加起来就是金字塔的高度了。

"泰勒斯真是世界上最聪明的人，他不用爬到金字塔的顶上就能方便地量出金字塔的高度。"

"等有一天我有计划去看金字塔的时候，一定量一量它现在的高度！"佳佳说。

"我觉得用我们的方法能量的物体很多，比如我们的教学楼，还有……"

"还有任何立在那不动的东西!"悠悠补充。

"对!哎呀,上次妈妈带我去上海,我怎么没量一量东方明珠的高度呢,下次去,一定要亲自量一量。"文文不无遗憾地感叹。

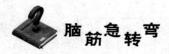

脑筋急转弯

14. 有一位刻字先生,他挂出来的价格表是这样写的:刻"隶书"4角;刻"仿宋体"6角;刻"你的名章"8角;刻"你爱人的名章"1.2元。那么他刻字的单价是多少?

5. 风筝有多高

阳春三月,微风习习,很多小朋友在小区的草坪上尽情地玩耍。小川、文文在打羽毛球,玩一会儿累了,躺在草坪上休息。小川望着一只风筝不由得赞叹"飞得好高啊!真想做一只风筝,自由自在地在空中飞翔呀!"

"小川,咱们放风筝玩吧,多有意思呀!"文文提议道。

于是他俩从家里拿来了风筝,小川的风筝是只蜻蜓模样的,文文的风筝是金鱼模样的,可像啦!

"咱俩的风筝都挺漂亮的哟，那咱俩就比比谁的风筝飞得高吧！"

"No problem！"

图 2-5-1　春天是放风筝的好时节

两人奔跑着、嬉闹着，争相说："我的风筝飞得更高！"两人使出浑身招数，风筝渐渐升入蔚蓝的天空，远离视线，变成了一个小点点。到底谁的风筝飞得更高呢？

"怎样测出风筝的高度呢？"两人一时没了主意。

文文打电话叫来了悠悠和佳佳。悠悠低头想了一会儿，拿起一根木棍，蹲在地上边给大家画图（图2-5-2）边说："A 处是风筝，B 处是我们所站的位置，要知道风筝飞了多高，就是测量 AC 的长度。"

图 2-5-2

"咦！前两天我们不是刚刚测了旗杆的高度嘛！能不能就用那种方法呢？"

"那就是测量 BC 的长度。"

"BC 是不容易测量的。"悠悠不紧不慢地说。

佳佳忙问："为什么呢？"

"C 点不好确定呀！"

"C 点相当于过 A 向地面引的垂线，风筝在空中的位置不定，要确定 C 点就难了！"文文表示赞同。

"我知道了。"佳佳高兴地说："我们可以测量 AB。"

"*AB* 事实上就是放出去的风筝线的长度。"

"那 *AC* 的长度可以通过测量 *AB* 长度以及锐角 *ABC* 得到了。"

"我们一起来做一个简单的计算吧。"找到了思路，几个人都很高兴。

"假设现在我们将风筝拉回来，每拉一次收回约 50 厘米，我们拉了 100 次将风筝拉回来，那么放出去的风筝线的长度是＿＿＿＿米。"

"这样的测量或许误差太大。为了提高精度，我们可以首先在风筝线上作上标记，然后将风筝拉回来，记下线轴缠绕的圈数，再乘以每圈的长度，可以得到精确一些的 *AB* 的长度。"

佳佳面露疑色道："放风筝的线在空中是曲线，而我们把它当直线用，这样能行吗？"

四人决定请教老师。

钟老师耐心地听完他们的讲述，认为佳佳的疑问很有道理，但我们是估算风筝的高度，悠悠的方法是可行的。

现在我们掌握了计算 *AB* 长度的方法，下面我们还需要测量 $\angle ABC$，如果得到角度，我们就可以计算出 $AC = AB \sin \angle ABC$

材料：一只量角器，皮尺

步骤：

（1）将风筝线压在地面上，用量角器测量风筝线与地面的夹角，为了使测量更科学，我们使用多次测量取平均值的方法，请大家把测量的数据填入下面的表格中。

测量次数	1	2	3	平均值（/度）
所求角度				

表1

（2）测量放出去的线的长度，如前面所说，我们可以通过记圈数的方法测量，但一般风筝线轴较细，圈数往往会很大，误差也会很大。为了解决这个操作上的困难，我们可以将线缠绕在直径大一些的物体上，这样圈数会少很多，将数据记录在下面的表格中。

测量次数	1	2	3	平均值（/米）
缠绕物体的周长 L				

表2

缠绕的圈数_____放出线的长度 $L = $ _____米；

（3）利用公式 $AC = AB\sin\angle ABC$ 计算出风筝的高度 $H = $ _____米。

测量完数据，文文恍然大悟，说道："在上一次我们测量学校旗杆的高度相当于测量 BC，这次我们测的是 AC，BC 是直角边，AC 是斜边。加起来就是一个完整的三角形啊！"

"是啊！看来三角形无处不在呀！"

"那你说，如果我们放出的线一样长，比如说都是50米，风筝高度能不能不一样？"

"当然能了。"

"那怎么把风筝放得更高呢？"

"那就要把数学和物理联系起来了。"

"这叫学科交叉。"几个人边聊边玩,很是兴奋。

"我们办一次放风筝比赛吧!"

"好啊,好啊!"大家一起拍手称赞。

脑筋急转弯

15. 什么情况下 5 大于 0,0 大于 2,2 大于 5?

6. 池塘的芦苇有多高

有一天,文文和悠悠、小川在湖中划船,微风袭袭,碧波荡漾,大家有说有笑的,十分高兴。过了一会,大家停在岸边休息,岸边有一棵芦苇露出水面,悠悠随口说道:"也不知道这棵芦苇有多长。"小川说道:"咱们三个人动脑筋想个办法,用所学过的知识解决这个问题怎么样?"

图 2-6-1 池塘的芦苇

三个人坐在船上,拿出了纸和笔,首先画出问题的理想化图形,如图 2-6-2 所示。由示意图可知,芦苇的高度是线段 CD 的长度,是水下的高度 ED 和水上的高度 CE 之和,水上部分 EC 是可以测量的,关键是确定水下部分,那接下来该用哪部分的知识解决呢?

"有哪些知识和垂直有关系，还涉及到求线段的长度呢?"文文问道。

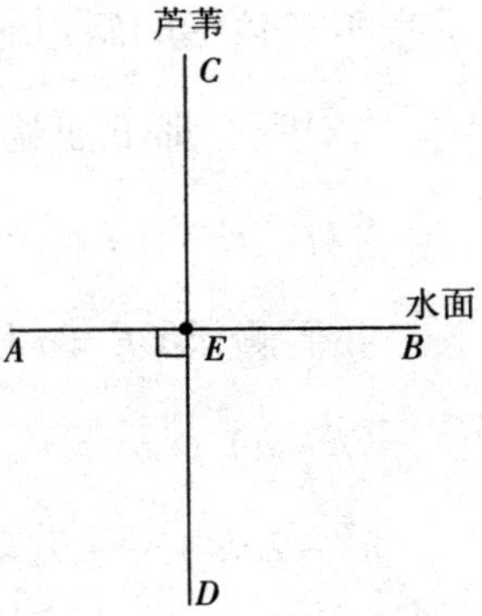

"咱们用勾股定理来试试吧!"小川想了想回答到。

图 2-6-2

"什么是勾股定理呢?"悠悠问道。

"简单地说：如图 2-6-3，如果直角三角形的两条直角边的长度为 a、b，斜边长度为 c，就能够得到 $a^2 + b^2 = c^2$；反过来，如果有三角形的三条边长 a、b、c，满足 $a^2 + b^2 = c^2$，那么三角形就是个直角三角形。

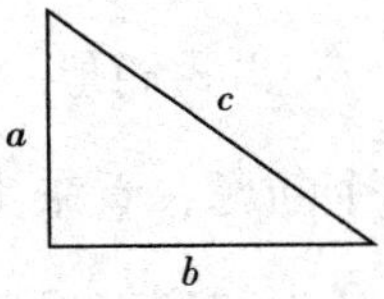

图 2-6-3

"既然要在直角三角形中才能用勾股定理，咱们的示意图中只有两条互相垂直的线，与定理的条件不太相符呀!"佳佳问道。

"是呀。"大家都沉默了，问题陷入了僵局。

这时，刮过一阵微风，芦苇好一阵左右摆动。

"哈哈，我想到一个好办法，这回也轮到我悠悠大显身手啦!"

"什么办法?"大家异口同声地问。

"咱们把芦苇放倒就行啦。我把示意图做点儿修改。"悠悠接着说，"你们看（图 2-6-4），咱们拉动芦苇的顶部使它倾斜，当它的顶端刚好没入水面，我们就认为它正好充当

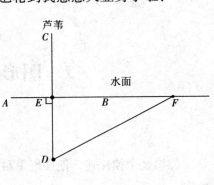

图 2-6-4

了直角三角形的斜边。”

“对呀，那下面就利用勾股定理列方程就行了。”文文说。

“对，$ED^2 + EF^2 = DF^2$

我们测得 $CE = a$ 厘米，$EF = b$ 厘米，设芦苇的长度为 h 厘米，则

$(h-a)^2 + b^2 = h^2$

$h^2 - 2ah + a^2 + b^2 = h^2$

$h = \dfrac{a^2 + b^2}{2a}$。”悠悠说。

“我们量一根吧。”三个人高兴极了，“没想到划船游玩还解决了一个问题，看来生活中的数学问题还真不少呢。回去以后咱们再想想还有什么问题可以用勾股定理来解决。”小川说。

“好！”大家一起附和，然后启程返航。

脑筋急转弯

16. 请问：将 18 平均分成两份，除了得 9，还会得几？

7. 图形的魔术（1）

悠悠是个侦探迷，他在班里对大家说，他可以把一个边长为 13 的正方形，改成一个 8×21 的长方形。同学们都认为那是不可能的，因为 13×13

=169，8×21=168，正方形和长方形的面积不相等，所以悠悠一定不会成功。

那么悠悠是怎么做的呢？首先他把这个正方形按图 2-7-1 所示分割成四部分：

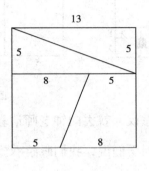

图 2-7-1

美
丽
图
形
篇

然后按图 2-7-2 的方法重新拼接就得到了长方形，它的面积似乎就是 168。

77

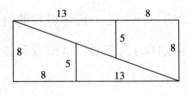

图 2-7-2

这到底是怎么回事呢？同学们都很惊讶。

悠悠神秘地笑笑，又拿出一张中间有洞的正方形纸片，说通过刚才的方法可以让这个洞消失，这下子同学们更好奇了。

悠悠先把边长为 12 的正方形做了如图 2-7-3 的分割，阴影部分覆盖的是破损的小洞。然后重新组成图 2-7-4 的图形，那个小洞真的消失了。

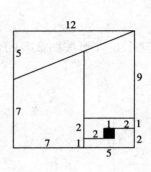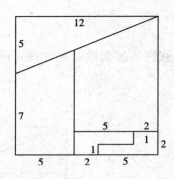

图 2-7-3　　　　　　　　　　图 2-7-4

同学们都觉得不可思议，就去向钟老师请教。钟老师笑呵呵地看了悠悠的表演，对好奇的同学们说，我们眼睛看到的未必就是真实的，直观认定的也未必就是正确的。下结论之前精确操作、仔细思考就可以避免被自己的眼睛欺骗了。大家回去之后做两个大一点的图形，精确的操作就会发现问题所在了。

感兴趣的同学自己尝试一下吧，把你得到的结论写下来。掌握原理之后你也可以发现很多这样的正方形，试试看吧，你也可以成为受人瞩目的"魔术师"。

 脑筋急转弯

17. 用 1、2、3 这三个数码表示的最大数字是多少？

8. 图形的魔术（2）

看了悠悠在班上的同学面前大玩图形魔术，小川也按捺不住，在课下查阅了不少资料，发现关于图形的魔术还真不少。比如，下面这幅画（图 2-8-1）名为《消失的小妖精之谜》，他的作者是加拿大多伦多市的帕特森。

图 2-8-1

为了不破坏该书，我们可以先复印这幅图画，再把它沿虚线剪开，剪出 3 个长方形。把上面的 2 个长方形交换位置，下面的长方形不动。你会发现这 15 个小妖精中有一个消失了！他去哪里了呢？

再看下面的 2 幅图画。首先，我们确定图 2-8-2 中有 7 个人，然后按标记的线把图形分成 3 部分。

图 2-8-2

图 2-8-3

把上半部的两个长方形调换位置，就形成了图 2-8-3。数一下会发现有 8 个人！这个人是从哪里来的呢？把你的猜想写下来吧。

为了解决这个问题，我们一同来做一个实验。

如图 2-8-4 所示的矩形中画上 10 条等距等长的平行线段，再连接一条对角线，使它经过第一条和第十条线段的端点。

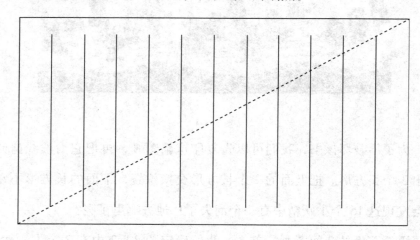

图 2-8-4

我们沿对角线把矩形剪开得到 2 个三角形，然后把下半部分沿对角线向左下方滑动，得到新的图形（图 2-8-5）。

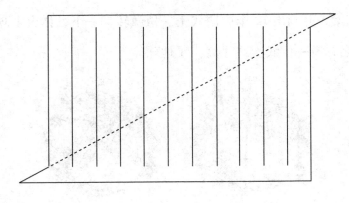

图 2-8-5

现在数一下，图中只剩 9 条线段了，消失的那一条线段去哪里了呢？

拿尺子分别测量图 2-8-4 和图 2-8-5 中线段的长度，你会发现_____
_____。

若测得的图 2-8-4 和图 2-8-5 中线段长度分别为 a 和 b，它们有怎样的关系？

通过测量和计算，你发现线段是如何"消失"的呢？

小妖精消失的原因也是如此。15 个小妖精时每个小妖精都比 14 个小妖精时矮十五分之一，我们不能指出到底是哪个小妖精消失了，因为新形成的 14 个小妖精是一群完全不同的小妖精，每一个都比原来的身高高了十四分之一。

人数增多的游戏也是如此，请你自己整理一下思路吧。

下面的这个游戏叫作"飞离地球"。剪出一大一小两个圆形纸片，用大头针穿过两圆的圆心，小圆在上大圆在下。随后在两个纸圆上画出地球的图案，并画出 12 个中国武士。稍微转动一下，你会发现武士只剩了 11 名，有一位武士"飞离"了地球。

 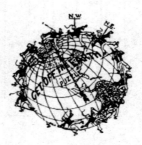

图 2-8-6　旋转前　　　　　　图 2-8-7　旋转后

下面的游戏与"飞离地球"相似，旋转后图案中的蛇恰好多了一条。

图 2-8-8　旋转前　　　　　　图 2-8-9　旋转后

其实，以上小川和我们一起做的游戏在数学悖论知识里面有更为深入的阐述，感兴趣的同学可以找来相关的书籍阅读一下。

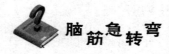

脑筋急转弯

18. 3 个人 3 天用 3 桶水，9 个人 9 天用几桶水？

9. 足球和正二十面体

小川、佳佳、悠悠都是校足球队的，课余时间经常相约一起踢球，不过自认为对足球很熟悉的他们却被钟老师的几个问题问倒了："你仔细观察过足球么？它由多少块皮子构成？每块皮子都是什么样的？"

说实在的，他们从没注意过自己经常踢的足球有什么特别的。细心观察后才发现，小小的足球也蕴含着不少的数学知识。小川发现，皮球是由正五边形和正六边形的皮子构成的，而且每个正五边形和正六边形的边长是相等的，那么究竟有多少个正五边形和正六边形呢？足球又有多少个面？多少个顶点？多少条边？这些问题要是靠"数"好像有点麻烦，他不得不请教老师。

图 2-9-1　足球

图 2-9-2　足球是一个正二十面体

钟老师耐心地向他们解释："其实，足球是一个截角正二十面体，也就是将正二十面体的每个顶点（凸角）切掉大小适当的一块儿就可以得到一个'足球'。下面的问题就要你们自己动手解决了!"

说干就干,小川和佳佳、悠悠一起行动起来。

用具和材料:几张厚纸板(如:挂历纸、西卡纸)、格尺、铅笔、橡皮、双面胶(或胶水)、剪刀和针(稍大,利用针尖戳洞)

在制作正二十面体之前我们先来制作几个简单的正多面体。

制作正四面体和正六面体

下面两幅图是正四面体和正六面体的平面展开图。

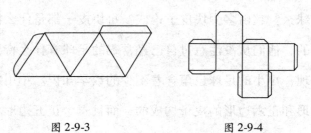

图 2-9-3   图 2-9-4

步骤:

(1)将二者的"平面展开图"覆盖于厚纸板上。

(2)以针尖将"平面展开图"各顶点戳刺复制在厚纸板上。

(3)用铅笔将厚纸板上的各点连起来(即将"平面展开图"画出来,当然你也可以完全自己动手画)。

(4)将"平面展开图"用剪刀裁剪下来。

(5)用刀背在各折线位置画上一刀,可使折纸的动作好作些。

(6)将各舌边内折之后贴上适当宽度的双面胶(或涂抹适量胶水),将多面体粘合起来,对照下面的立体图。

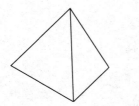
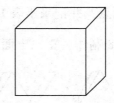

图2-9-5 正四面体和正六面体的立体图

观察制作的正四面体和正六面体的立体图（可以参照它们的平面展开图），看看它们各有多少个面？每个面有什么特点？有多少条边？有多少个顶点？并记录于表1。

参照图2-9-6和上述制作步骤制作正八面体和正十二面体。

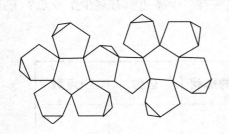
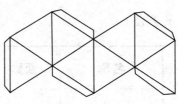

图2-9-6 正八面体和正十二面体的平面展开图

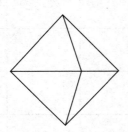
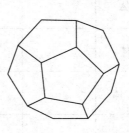

图2-9-7 正八面体和正十二面体的立体图

观察制作的正八面体和正十二面体的立体图（可以参照它们的平面展开图），看看它们各有多少个面？每个面有什么特点？有多少条边？有多少个顶点？并记录于表1。

参照图2-9-8制作一正二十面体。

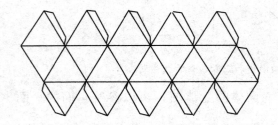

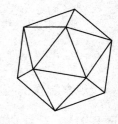

图 2-9-8　正二十面体的平面展形图　　　　图 2-9-9　正二十面体的立体图

观察制作的正二十面体的立体图（可以参照它的平面展开图），看看它有多少个面？每个面有什么特点？有多少条边？有多少个顶点？并记录于表1。

名称	面数	面的形状	边数	顶点数
正四面体				
正六面体				
正八面体				
正十二面体				
正二十面体				

表1

那么，由正二十面体出发是怎样得到"足球"结构的呢？我们来看图 2-9-10，请你试着想像一下。

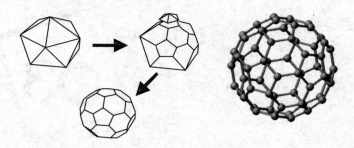

图 2-9-10　由正二十面体得到"足球"

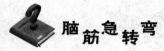

19. 8 个数字 "8"，如何使它等于 1000？

03

逻辑智慧篇

1．嘉庆买牛

小川最近迷上了逻辑故事，这不，在这次课下的数学活动中，他又向大家讲了一个这样的故事：

清朝的嘉庆皇帝曾编过这样一道数学题，很有趣：有人花 100 两银子买了 100 头牛，大牛每头值 10 两，小牛每头值 5 两，牛犊每头值半两。试问：此人买了大牛、小牛与牛犊各多少头？

佳佳很快列出了方程：

设大牛、小牛与牛犊分别买了 x、y、z 头，则据题意可列出方程：

$x + y + z = 100$

$10x + 5y + 0.5z = 100$

小川说："有三个未知量却只有两个方程，是一道不定方程问题。如果按照常规方法我们应该如何解呢？

我想你会先消去其中一个未知量，得到了这样一个二元一次方程：

$19x + 9y = 100$

然后利用列表讨论来确定剩下的两个未知量之间的等式关系，将 x 取不同的值来确定 y 的值，或者反过来，比如：

当 $x = 1$ 时，可求得 $y = 9$，再得 $z = 90$。

或者：当 $y = 1$ 时，$x = 4.8$，$z = 94.2$……

按照我们以往所买的牛的数目一定是正整数对吗？（其实也许你第一次用的数字不是 1 这样的正整数。那你得到的答案就更多了！但是想一想，自己在解答过程中忽略了什么问题？）再试试求解，看看这次得到几组答案？

减少了几组答案了吧？下面让我们进一步确定 x、y 的取值范围。

你可能发现当 $x = 6$ 时，$y = -1.5$，看来 x 的取值范围是：＿＿＿＿＿
＿＿＿＿。

请你根据这层分析求 y 值，你的方法是什么？

下面是小川的方法，供你参考：

从（3）式可知，x 的值不能超过 5，我们应该讨论 x 分别等于 1、2、3、4、5 的情况，然后求得相应 y 值，再进一步求得 z 值。

在这里我们把（3）式变形，改写为

$$x - 1 = 9 \ (11 - 2x - y) \qquad\qquad (4)$$

得出：$x - 1$ 必定是 9 的倍数，于是 x 只能等于 1，代入，得 $y = 9$，$z = 90$。

即此人买了 1 头大牛，9 头小牛，90 头牛犊。总而言之，便是：一百两银子买一百头牛。小川得出的答案是唯一的。

在小川的解答中（4）式的技术处理是相当关键的一步，它可以省掉繁琐的列表与讨论。

也许你的方法更好，下面请你对嘉庆买牛这个有趣的问题进行小结吧，想一想：在你的解答中哪一步是关键的一步呢？还有哪些实际生活中的情况与这个问题有相似之处？通过这个问题，你认为我们应当如何应用数学知识？

趣味拓展：

在清朝嘉庆皇帝之前，明代才子徐文长曾帮王大爷卖鸡的。当时的情景是这样的：有 3 个人各拿 100 钱来买 100 只鸡。王大爷的公鸡是 5 个铜钱一只，母鸡是 3 个铜钱一只，小鸡是 1 个铜钱一只。

第一个人要 8 只公鸡，第二个人要 12 只公鸡，第三个人要 3 只公鸡。请你和徐文长一起算算这笔买卖怎么做吧？

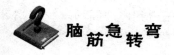

20. 什么数字减去一半等于零？

2. 按遗嘱巧分马

佳佳受了小川的影响，回家也看了不少逻辑智慧故事，他也有意考考小川：

有一位老人，他有三个儿子和 17 匹马。他在临终前对儿子们说："我已经写好了遗嘱，我把马留给你们，你们一定要按照我的要求去分。"老人去世后，三兄弟看了遗嘱。遗嘱上写着："我把 17 匹马全部都留给我的三个儿子，长子得一半，次子得三分之一，给幼子九分之一。不许流血，不许杀马。你们必须遵从父亲的遗愿。"

三兄弟迷惑不解。尽管他们在学校里学习成绩都不错，可是他们还是不会用 17 除以 2、用 17 除以 3、用 17 除以 9 得到整数——怎么才能不让马流血呢？于是他们就去请教当地一位公认的智者。这位智者看了遗嘱以后说："我借给你们一匹马，去按你们父亲的遗愿分吧！"

老人原来有 17 匹马，加上智者借给的一匹，一共 18 匹马。这次你能猜到三兄弟各得到几匹马吗？

老大得到____匹马；老二得到____匹马；老三得到____匹马。

佳佳问大家：你认为这种分马的方法符合老人的遗嘱吗？

悠悠认为：遗嘱所说的一半、三分之一和九分之一，都是相对于 17 匹马来说的，并不是对 18 匹马来说的，因而智者把自己的一匹马借给三兄弟再按一半、三分之一和九分之一去分，不符合遗嘱原意。你同意吗？说说你的理由吧！

佳佳总结道，实际上，这种不同意见是由于对遗嘱的要求掌握不够全面造成的，智者的办法确实是个好办法。遗嘱没有错，智者的办法也不光是一个智力游戏，在数学上也是完全符合的。为什么这么说呢？

为此，我们先指出一个事实，即 $\frac{1}{2} + \frac{1}{3} + \frac{1}{9} = \frac{17}{18} < 1$

这就是说：假设姑且不考虑老人关于不许流血、不许杀马的要求，硬是把 17 匹马的一半、三分之一和九分之一分给三兄弟，那么，并没有把 17 匹马全部分完，还剩下 17 匹马的 1/18 没有分。于是我们考虑一个问题：老人的遗嘱是只把 17 匹马一半、三分之一和九分之一分给三个儿子吗？如果是，那么剩下的 $\frac{1}{18}$ 匹给谁呢？按遗嘱中关于把 17 匹马全部留给儿子的要求，剩下的这些马还应继续分给三兄弟，而且还应该给老大一半，老二三分之一，给老三九分之一，而且任何有限次都无法把 17 匹马给分完。

仔细研究老人的遗嘱可以发现，老人的遗嘱实际上包含 3 点要求：第一，把 17 匹马全部分给三个儿子；第二，每次给老大一半，就要同时给老二三分之一、老三九分之一，所以实际上是要按照 $\frac{1}{2}:\frac{1}{3}:\frac{1}{9}$ 这样的比例进行分配，而不是只把 17 匹马的 $\frac{17}{18}$ 分给三个儿子；第三，不许让马流血，一个分配方案，只要是满足上述条件，就是符合遗嘱要求的方案。

老人自己家有 17 匹马，加上智者借给的一匹，一共 18 匹马。按 18 匹马的 1/2，1/3，1/9 分给三个兄弟，三个兄弟所得的马的匹数当然符合 1/2：1/3：1/9 的比例（符合上述第二条要求），而三个兄弟分别得到的 9 匹、6 匹和 2 匹之和，恰好是 17 匹（符合上述第一条要求），又没让马流血（符合上述第三条要求），所以智者的办法是完全符合老人遗嘱要求的。

不借用智者的一匹马也可以执行老人的遗嘱。为此，把 1/2：

逻辑智慧篇

1/3：1/9 化简可得 9：6：2，恰好有 9 + 6 + 2 = 17。可见，分给长子 9 匹、次子 6 匹、幼子 2 匹，既恰好把 17 匹马全都分完，又符合 1/2：1/3：1/9 的比例，又没有让马流血，所以完全合乎老人遗嘱的要求。

那么不借用智者的一匹马可不可以执行老人的遗嘱呢？

为此，我们帮三兄弟把 $\frac{1}{2}$：$\frac{1}{3}$：$\frac{1}{9}$ 化简，可得 $\frac{1}{2}$：$\frac{1}{3}$：$\frac{1}{9}$ = $\frac{9}{18}$ + $\frac{6}{18}$ + $\frac{2}{18}$ = 9：6：2，恰好有 9 + 6 + 2 = 17，可见，分给长子 9 匹、次子 6 匹、幼子 2 匹，既恰好把 17 匹马全部都分完，又符合 $\frac{1}{2}$：$\frac{1}{3}$：$\frac{1}{9}$ 的比例，且没有让马流血，完全合乎老人遗嘱的要求。当然，还减少了对智者的讨扰。

你还有什么高明的分法吗？

脑筋急转弯

21. 一次宴会上，一对夫妻同客人共握手 48 次，问这次宴会上共有几人？

3. 韩信分油

一天，佳佳到小川家找他玩儿，正巧小川的爸爸在家，他给他俩讲了一个韩信的故事：

据说有一天，大将军韩信骑了马，走在路上，看见路边有两个人为分油而发愁。原来，他们有一只容量为 10 斤的篓子，里面盛满着油，还有一只空罐和一只空葫芦，可以分别装 7 斤和 3 斤油。两个人想把 10 斤油平分，每人得 5 斤。但是准备工作没有做好，谁也没有带秤，只能在 3 个容器里倒来倒去，于是感到束手无策。

图 3-3-1　韩信

韩信听了，便立即表态说："这有何难?"他随即指出了窍门："葫芦归罐罐归篓，分好油来回家走。"两个人心领神会，按照韩信所教的办法倒来倒去，果然把油平均分成两半，高高兴兴地打道回府去了。

你看懂了吗? 请你按照韩将军的办法把分油的过程写下来吧!

小川和佳佳觉得这个问题有点难，于是小川爸爸给他们出了一个相对简单些的同类问题：这里有 2 个沙漏，一个计时 5 分钟，另一个计时 7 分钟，怎样利用这两个沙漏去计时 11 分钟?

佳佳的想法是这样的：我们只有"5"和"7"这两个数字，却要得到"11"这个数字。

$11 = 5 + 6$，或 $11 = 4 + 7$。

那么就必须想办法得到6或者4。

我的做法是这样的：设5分钟沙漏记作 A，7分钟沙漏记作 B。

两个沙漏一起开始：第5分钟 A 漏完，将 A 沙漏反转，B 沙漏剩2分；

第7分钟 B 漏完，将 B 沙漏反转，A 沙漏剩3分；

第10分钟 A 漏完，B 沙漏剩4分。即得到了"4"。

此时就开始计时，等 B 沙漏停止，反转 B 沙漏，$4 + 7$ 即11分钟。

你的方法是这样吗？如果你和佳佳"英雄所见略同"，就请你再设计一种方法，得到"6"吧。

解决了沙漏计时的问题，小川和佳佳对分油问题有了更深层次的认识。如果用言语来叙述倒进倒出，那是很繁琐的，他们用表一来说明三种容器内油量的变化情况。

篓	10	7	7	4	4	1	1	8	8	5	5
罐	0	0	3	3	6	6	7	0	2	2	5
葫芦	0	3	0	3	0	3	2	2	0	3	0

表1

韩信所说的"葫芦归罐"，意思是把葫芦里的油倒进罐里。"罐归篓"是把罐里的油倒往篓里。通常分油要把油从大容器往小容器里倒，现在却把小容器里的油往大容器里"归"。向葫芦里倒油，可以得出3斤的油量，而把葫芦里的油往罐里"归"，"归"到第三次，葫芦里就出现2斤的油量。再把满满一罐油"归"到篓子里，腾出空来，把葫芦里的2斤油"归"到空罐里，最后再倒满一葫芦3斤油，"归"到罐里，就圆满地完成了分油的任务。你想想看，他们是在找什么数呢？

脑筋急转弯

22. 小明和小旺玩掷硬币的游戏，小明掷了十次都是阳的一面，问他掷第十一次时，阳和阴的概率各是多少？

4. 一举三得

文文在课外书上读到了一个成语——一举三得的由来：

北宋年间，有一次皇宫遭受严重火灾，宫殿变成一片废墟。宋真宗让当时的宰相丁谓主持重建宫殿的工程。丁谓知道要重建皇宫有三件费时耗力的事情：第一件，皇宫规模宏大，需要挖掘大量的泥土来烧制砖瓦；第二件，修建皇宫所用的大量木质材料都要从南方水运过来，而汴河码头在郊外，离皇宫很远，需要很多人力搬运；第三件：皇宫建成后，残砖废瓦、边角余料等垃圾也需运出京城。工程浩大而时间紧迫，要如何才能尽快重建皇宫，恢复朝政呢？

一天，丁谓在一个临时搭建的木棚前，看见一个小姑娘在煮饭。趁着等候饭熟的时间里，小姑娘补起了家人的破衣服。"这真是一个能干的孩子啊！"丁谓在称赞小姑娘的时候，突然想到，要是能合理的安排时间、人力和物力，一定能提高做事的效率。

经过深思熟虑丁谓提出了一个科学的方案：先让工人们开挖一条从皇宫门外到汴河边上的深沟，挖出的泥土用来烧至砖瓦；再把汴河的水引入沟中，把运至码头的南方木材，直接用木筏运入皇宫；皇宫重建完工后，把汴河缺口封住，等待沟内水排净，直接把建筑垃圾填入坑中，修成一条平坦的大路。

按照这个方案，丁谓一年时间就重建了皇宫，不仅节约了大量的人力、物力和财力，而且工地秩序井然，城内的交通和百姓的生活不太被施工所影响。

"丁谓施工"的故事被北宋大科学家沈括的记录在名著《梦溪笔谈》中，题目为"一举三得"。

"丁谓真是一个聪明人啊！"读了这个故事之后，文文感慨道："以后我也应该在完成学习任务时动动脑筋了。"

下午放学后文文正在家中写作业，只见妈妈急匆匆地回来，手里提着很多的菜。"小文，今天爸爸的三位同事来家里吃饭，起码要准备四个菜，一个汤，两个冷盘才够吃。"妈妈说道，"时间恐怕不够了，快来帮帮妈妈。"

"妈妈，您先别着急，"文文安慰道："我们来好好计划一下。"

文文接过菜和妈妈一起走进厨房，问道："做这些事大概需要多长时间呢?"

"淘米用3分钟，烧饭10分钟，焖饭6分钟，炒菜分别是4分钟、5分钟、6分钟，清蒸菜10分钟，汤用10分钟，洗锅0.5分钟，盛饭配碗筷2分钟，配置冷盘5分钟和4分钟，如果都做下来大概要一个多小时呢，时间看来是不够了。"妈妈沮丧地回答道。

"放心吧，"文文笑着说，"我来安排保证50分钟就能做好。"

文文家有一个电饭煲、两个炒菜锅、一个蒸锅、普通的两眼燃气灶，同学们你来想一想文文到底是如何安排的呢?

文文的方案

首先文文负责洗米烧饭，他选择用电饭煲，这需要3 + 10 + 6 = 19分钟；同时妈妈负责炒菜，她在一个燃气灶上用蒸锅做了清蒸菜，这需要10分钟，在另一个燃气灶上用6分钟炒了一个菜，用4分钟又炒了一个菜，两个炒菜锅都用到了；接下来用1分钟刷了两个炒菜锅后，做了一个10分钟的汤，另一个灶上用5分钟把最后一个热菜炒好，距离汤熟还有5分钟，妈妈正好做了一个拼盘。在妈妈做另一个拼盘的时候文文去盛饭，放碗筷。

同学们，你们在看文文的方案时有两点要考虑：

（1）哪些事情是同时进行的；

（2）同时进行的事情时间长的覆盖时间短的。

如果你还不清楚，看看下面的过程：

文文做的事：烧饭 19 分钟 + 盛饭配碗筷 2 分钟 = 21 分钟

妈妈做的事：$\underbrace{\begin{array}{c}\text{清蒸菜 10 分钟}\\\text{两个炒菜 10 分钟}\end{array}}_{10分钟} + \underbrace{\begin{array}{c}\text{刷锅 + 汤 11 分钟}\\\text{炒菜 + 冷盘 10 分钟}\end{array}}_{11分钟} + \underset{4分钟}{\underline{\text{冷盘}}} = 25$

分钟

实际需要的是 25 分钟。

晚饭后送走了同事，爸爸对文文和妈妈表示感谢。

"幸好有文文帮忙，要不然晚饭恐怕要迟了。"妈妈把事情的经过告诉了爸爸。

爸爸点点头："看看咱们文文会使用统筹法了。"

"什么是统筹法啊?"文文好奇地问道。

"统筹方法，是一种安排工作进程的数学方法。"爸爸解释道，"通过重组、打乱、优化等手段改变原本的固有办事格式、优化办事效率的一种办事方法。它的使用范围极广泛，在企业管理和基本建设中，以及关系复杂的科研项目的组织与管理中，都可以应用。"

"举个例子吧。"文文对这个知识很感兴趣。

爸爸想了想："就以我们厂为例吧，产品出厂前的最后两道工序是装箱和包装，分别采用流水线作业。表格中是四种产品装箱和包装所需的时间，作为负责人要如何安排才能使产品最快出厂?"

	竹子	铁	螺母	玻璃
装箱时间（小时）	5	3	8	12
包装时间（小时）	5	9	4	6

表1

同学们如果你是负责人，会怎样安排呢？

如图 3-4-2，这是文文想到的安排方法。

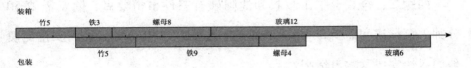

图 3-4-2

产品出厂共需 5 + 3 + 8 + 12 + 6 = 34 小时。

爸爸指着数轴对文文说："你的安排中包装工人有两段等候时间，第一段是竹子装箱时间，第二段完成竹子、铁和螺母包装后，等候玻璃装箱的时间。如果我们能减少包装工人的等候时间，产品的出厂时间就一定会缩短。"

下图是爸爸的安排方法：

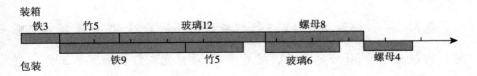

图 3-4-3

按这种顺序完成任务共需 3 + 5 + 12 + 8 + 4 = 32 小时。

"哦，这样安排比我的节省了两小时呢！"文文很佩服爸爸。

爸爸告诉文文其实还有其他的安排方法的，同学们你们和文文一起动手试试吧！

看你如何来节约时间：

问题一：家里来了客人，你打算为客人泡茶，已知洗茶具需要 3 分钟，烧水需要 5 分钟，泡茶需要 3 分钟。如何安排可以减少客人等候的时间呢？

问题二：今天上午田叔叔和沈阿姨有三件事情要做：除草需要 30 分钟，打扫房间需要 30 分钟，哄宝宝需要睡觉 30 分钟。如何安排能使他们尽快完成这些事情呢？

实践：如果下面是你今天要做的事情，你会如何安排时间呢？

要做的事情	做数学作业	听英语磁带	锻炼	帮妈妈买菜	...
需要的时间					

参考答案

问题一：先烧水，等水开的时间洗茶具，水开后泡茶。共需 5 + 3 = 8 分钟。

问题二：沈阿姨先用 15 分钟打扫房间，然后用 30 分钟哄宝宝睡觉；田叔叔先用 30 分钟除草，然后用 15 分钟完成打扫房间的工作。完成所有事情共用 45 分钟。

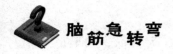

23. 50 块糖分给 10 个小朋友，数目不同，不可把糖块截断，能不能分？

5. 策略中的智慧

钟老师在数学课上告诉大家，数学知识不仅可以帮助我们解决生活中的问题，学习数学还可以帮助人们在重要时刻做出最明智的选择。下面的例子正好说明这点。

例一："三人决斗"问题，选自英国科学记者西蒙·辛格的《费马大定理》。

有 A、B、C 三个强盗，他们联手抢得了一笔珠宝。在分赃的时候，每个强盗都想独吞这笔珠宝。最终他们决定用手枪进行决斗，直到只剩下一个人活着为止。这三个强盗中 A 的枪法最差，平均射击 3 次只有 1 次击中目标；B 稍好一些，平均 3 次射击能 2 次击中目标；C 最好，能百发百中。为了使决斗比较公平，他们让 A 第一个开枪，然后是 B（如果他还活着），再后是 C（如果他还活着）。问题是 A 应该首先向什么目标开枪？

小川和佳佳、悠悠、文文讨论后得出结论：

因为 C 百发百中，看来 A 应选择首先以 C 为目标。如果他成功，那么下一次将由 B 开枪，由于 B 是 3 射 2 中，所以 A 还有机会活下来再回击 B，从而 A 有可能赢得这场决斗。

他们计算了一下选择射击 C，A 能得到珠宝的概率。A 命中 C 的概率是 $\frac{1}{3}$，B 射击后 A 活着的概率也是 $\frac{1}{3}$，最后 A 命中 B 的概率还是 $\frac{1}{3}$。所以，A 得到珠宝的机会只有_____。无疑这个概率是比较小的，A 还有其他更好的办法吗？

回答是：有，A 可以对空开枪！

于是接下来由 B 开枪，他会以 C 为目标（因为 C 是最危险的对手）。如果 C 活下来，那么他将以 B 为目标（因为 B 比 A 更危险）。可见，通过对空开枪的办法，A 将使得 B 有机会消灭 C，或者反过来 C 消灭 B。这样 A 活下来的可能性就增加了。

我们还是通过计算来说明吧。B 以 C 为目标，他有_____的可能杀死 C，接着由 A 射击，他有_____的机会杀死 B，获得珠宝；如果 B 没有射中 C（可能性为_____），C 一定能杀死 B，此时还是轮到 A 射击，A 有_____$\frac{1}{3}$ 的可能命中 C。所以 A 成功的概率为_____。

由此可见，对空开枪使得强盗 A 的成功机会大大地增加了！

例二："海盗分金币"策略问题。这是 1998 年美国加利福尼亚州的斯蒂芬提出的。

10 名海盗抢到了 100 块金币，并打算瓜分这批战利品。这群海盗习惯按着这样的方式进行分配。先由最厉害的海盗提出分配方案，然后所有海盗（包括提出方案的人）共同表决。如果一半或更多的海盗赞同这个方案，此方案通过并能得到执行；否则，提出方案的海盗将被扔进海里，由下一名最厉害的海盗提出方案，重复上面的过程。

所有的海盗都乐于看见同伙被扔进海里，不过如果让他们选择的话，他们还是宁可得到一些金币。当然他们不希望自己被扔进海里。为了解决问题斯蒂芬还作了如下规定：

（1）所有海盗都是理性的，而且也知道别的海盗是理性的；

（2）没有 2 名海盗同样厉害，海盗们按照由上到下排好了顺序，每个海盗都知道顺序表；

（3）每个海盗都不同意和别人共同享有一块金币，因为他们彼此不信任。

最凶的海盗应该提出什么样的方案才能使他分得最多的黄金呢？

为方便起见，我们按照海盗的怯懦程度给他们编号。最怯懦的为 1 号海盗，次怯懦的海盗为 2 号……这样最厉害的海盗就是 10 号了。方案就是由他最先提出的。

海盗们都知道他们无法改变前面人的决定，而且后面海盗所做的决定对他尤为重要。所以制定策略的方法应该是由结尾倒推回去，我们先要考虑的就是只剩两名海盗（1 号海盗和 2 号海盗）的时候。此时最厉害的是 2 号海盗，他的最佳分配方案一目了然。100 块金币归他独占，

1 号海盗什么也得不到。因为他自己肯定会给这个方案投赞成票，这样就占了总人数的一半，方案可以通过了。

现在加上 3 号海盗。1 号海盗知道，如果 3 号海盗的方案被否决，那么进行到只有他和 2 号海盗的时候，他将一无所获。3 号海盗也明白 1 号海盗了解这种形势，因此，只要能给 1 号海盗一点好处，他就不会投反对票。所以 3 号海盗的分配方案是：自己得 99 块金币，给 1 号 1 块金币，2 号海盗一无所得。

现在来看 4 号海盗怎么决定。他知道要想使自己的分配方案获得通过，在下面的四个人中必须有一个人支持他。他把目标定为 2 号海盗，因为一旦他的方案被否决，3 号海盗的方案获得通过，2 号海盗将一无所获。所以他只要分一点好处给 2 号海盗，就一定能得到他的支持。所以 4 号海盗的分配方案是这样：自己 99 块金币，2 号 1 块金币，1 号和 3 号海盗一无所获。

小川思考后认为其余的海盗是如此制订分配方案的：

5 号海盗：（除他自己外）他需要_____个人支持他的方案，

　　　　　他选择了_____做他的同伙，

　　　　　他的方案是：_____。

6 号海盗：（除他自己外）他需要_____个人支持他的方案，

　　　　　他选择了_____做他的同伙，

　　　　　他的方案是：_____。

7 号海盗：……………………

以此类推，很容易得到 10 号海盗的方案是：96 块金币归自己所有，8 号、6 号、4 号、2 号各得一块，奇数编号的海盗一无所得。这样就解决了海盗配分配的难题了。

无论是强盗 A，还是海盗 10 他们都是利用数学知识，冷静分析情况，做出了有利于自己的决定。生活中有很多时候，比如购物、投资、置业、装修等，当你全面了解情况，冷静分析，正确使用数学知识，就一定会做出更明智的判断。如果有这样的机会，别错过，验证一下数学到底是你聪明了几分？

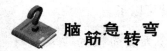

24. 把一副拿去大、小王，还剩 52 张的扑克牌仔细洗好，然后分成各 26 张的 A、B 两堆。如果这样分上一万次，那么请问该有多少次 A 堆中的黑牌与 B 堆中的红牌相等？

6. 数学小故事

一周一次的数学讨论课又开始了，这节课的主题是每人讲一个自己认为十分精彩的数学小故事。大家争先恐后地推荐自己认为最棒的数学故事。

丢失的 10 元钱

音像店主决定把店里 30 张大海报以 10 元 2 张的价格出售，30 张小海报以 10 元 3 张的价格出售。一天之内 60 张海报都售出了。店主一共收入了 $150 + 100 = 250$ 元。

第二天店主将另外的 30 张大海报和 30 张小海报放在柜台上。他想分类卖太麻烦，既然 10 元钱可以买 3 张小海报或两张大海报，那么 20 元就可以买 5 张海报。他只要每张都卖 4 元钱就可以了。

当晚上所有海报都卖出后，店主发现他今天卖海报的收入只有 240 元。

剩下的 10 元去哪了呢？

诸葛亮的阵法

三国时期的军事家诸葛亮擅长兵法，一次他在与司马懿的交战中，把 10 名士兵编成为一组，先排成图 3-6-1 的阵形。鼓声一响，蜀军迅速变阵为图 3-6-2 的阵形。当时在城楼观战的司马懿大惊失色，怎么也想不通蜀军是如何在瞬间彻底改变阵势的。

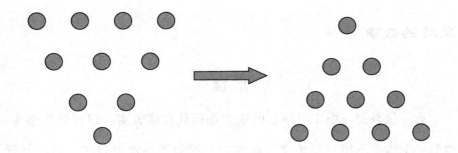

图 3-6-1   图 3-6-2

其实：整个变阵过程中只有三个士兵改变了位置，你发现了吗？

佳佳的故事——

迷惑的宾馆老板

三个旅行者同时到一家宾馆投宿，可是宾馆只剩一间客房了，因此三人决定和租一个房间。宾馆老板说房间的费用是每天 600 元，三位旅行者每人支付了 200 元后入住了房间。后来宾馆主人发现这个房间的费用应该是 550 元，他决定把多收的 50 元退还回去。可是要把 500 元平

109

分个人很困难，于是他决定自己留下 20 元，只退还每人 10 元房费。等他回到大厅时发觉丢失了 10 元钱。他是这样想的：三个人每人交了 200 元后得到了返回的 10 元钱，相当于每个人交了 190 元房费，190×3 =570 元。再加上他自己手中的 20 元钱一共是 590 元，剩下的 10 元钱去哪里了呢？

欣赏

有一位教授习惯于把所有的论文都存放在研究室，以便学生参考。他的一个学生不愿意写论文，就跑到教授的资料室里找了一篇得"优秀"的论文，照抄一遍交了上去。

结果，这个学生的成绩自然是"优秀"。而且教授还加了一句评语："这是我学生时代写的论文，现在看来它还是那么优秀"。

这个故事说明优秀的数学永远是优秀的。

参考答案

丢失的 10 元钱

大海报每张 5 元，小海报每张 10/3 元。平均一下每张海报应售 (5 + 10/3) ÷ 2 = 25/6 元。而店主只卖 4 元一张，每张少买了 1/6 元。60 张少卖 10 元钱。

迷惑的宾馆老板

三个人一共花了 570 元，店主原来留下 550 元，再加上少退的 20 元，恰好相等。老板错把已经属于 570 元的 20 元钱又做加法运算。因此出现了 10 元钱的迷惑。

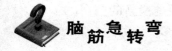

25. 小白买了一盒蚊香，平均一卷蚊香可点燃半个小时。若他想以此测量 45 分钟时间，他该如何计算？

7. 慎重 "跳槽"

这天，文文一家和邻居尚叔叔家一同吃晚饭。尚叔叔在软件公司工作，文文家遇到电脑方面的问题，都是尚叔叔来帮忙解决的。今天尚叔叔很高兴地告诉大家，有一家公司过来 "挖人"，许诺给他更好的报酬。

"哦，那有多优厚啊？" 文文感兴趣的问道。

"基本工资和现在的公司给的一样多，奖金部分要比现在多。" 尚叔叔解释道。

原来尚叔叔工资收入分为两部分：一部分就是每月的基本工资，另一部分是定期发放的奖金。现在的公司半年奖励他 2 万元，并且每半年提高 1000 元。新公司许诺每年发给他 4 万元奖金，每年提高 4000 元。

"每年增长 4000 元，真厉害啊！" 文文妈妈说。

"是啊，半年增长 1000 元和一年增长 4000 元相差太多了。机会难得，要尽快把合同签了。"尚叔叔的爱人也赞成他换新的公司。

这顿饭大家吃的很开心。

回到家文文突然说尚叔叔不应该换工作。你知道为什么吗？

计算尚叔叔的收入可能变化：

年份	尚叔叔在原公司的收入总和（万元）	尚叔叔在新公司的收入总和（万元）	收入差（万元）
第一年	$2 + 2.1 = 4.1$	4	
第二年	$2.2 + 2.3 = 4.5$	$4 + 0.4 = 4.4$	
第三年	$2.4 + 2.5 = 4.9$	$4.4 + 0.4 = 4.8$	
第四年			
第五年			
总 计			

不仅前三年新公司的奖金低，以后的趋势也一直是这样。如果尚叔叔"跳槽"到新公司，那么将签订一份为期 5 年的工作合同，这样看来，虽然每年增加 4000 元看起来比半年增加 1000 元划算，而事实并非如此。

文文赶快打电话给尚叔叔说明情况，尚叔叔十分感谢文文。

"其实，即使收入真的增加了，我也不一定跳槽了。"

"为什么呢？"

"怎么说呢，我和现在的公司感情还是很深的。当初之所以来这工作，就是因为在上大学时得到了公司设立的助学金的资助。毕业之后进了公司，这里的人对我都很好，在工作中给予我很多指导，生活中又给了很多帮助，这就像我的家人一样。现在公司要上新项目，这个项目如果成功了，对咱们这个地区都有好处，我想和大家一起干呢！"

"那太好了！我要像叔叔学习，不光看重收入高低，更看重事业发展！"

"想不到，你比叔叔还成熟啊！"

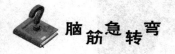

脑筋急转弯

26. 123456789 哪个数字最勤劳，哪个数字最懒惰？

8. 斯内普的魔药

113

这天文文、佳佳和侦探迷悠悠凑在一起玩逻辑推理的游戏，文文提出大家先解决《哈利波特与魔法石》中提到的魔药问题。

《哈利波特与魔法石》中有这样一段内容：哈利、罗恩和赫敏为了保护魔法石，跟踪奇洛进入了密室，在那里他们被斯内普的火焰魔法拦住去路，要想继续前进就要在七个瓶子中找到能穿越火焰的魔药。羊皮纸上的提示是这样的：

危险在前方，安全在后方，我们中间的两个可以给你帮忙。

把它们喝下去，一个领你向前，另一个把你送回原来的地方。

两个里面装的是荨麻酒，三个是杀手，正排队等候。

选择吧，除非你想永远在此耽搁。

图 3-8-1　《哈利波特与魔法石》电影海报

我们还有四条线索可以帮你：

第一：不论毒药怎样狡猾躲藏，其实它们都站在荨麻酒的左方；

第二：左右两端瓶里的内容不相同，如果你想前进，他们都不会对你有利；

第三：你会发现瓶子大小各不相同，在巨人和侏儒里没有藏着死神；

第四，左边第二和右边第二，虽然模样不同，味道确是一样。

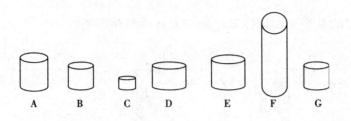

图 3-8-2

佳佳说：第四条提示告诉我们左边第二个瓶子和右边第二瓶子其实是同一种液体，那么这种液体一定不是只有一瓶，可能是_____和_____。

文文认为："死神"指的就是"_____"，所以最高的和最矮的瓶子里装的一定不是_____，右边的第二个瓶子装的液体只能是_____，左边第二个瓶子的液体也是_____。

悠悠接着说：毒药在荨麻酒的左方，所以_____这几个瓶子里装的一定是毒药。

还有两个瓶子，它们分别装着前进和后退的魔药，第二条提示告诉我们，"两端的瓶子不会帮助我们前进"，所以_____的瓶子装的是_____。

现在请你依次写出这七个瓶子分别装了哪种液体吧？

这是一个逻辑推理的问题，经常思考这样的问题会使我们的头脑变得更聪明。

下面的这个"盒子里的金币"是佳佳带来的。

三个盒子中藏有一枚金币，每个盒子外面贴了一张纸条，只有一张纸条上写的是事实。请你来判断一下金币藏在哪里？

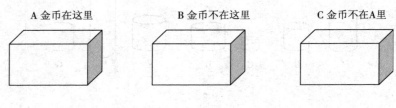

A 金币在这里　　　　B 金币不在这里　　　　C 金币不在A里

图 3-8-3

文文和悠悠很快就得出了正确答案，请你把自己的答案写在下面，和他们俩比一比。

金币在_____里，我得出正确答案用了_____分钟。

悠悠给大家讲了一个"真假牧师"的谜题。

一天监狱的看守员对警官无奈地说道："昨天警察史密斯留了一个条子说他们逮捕了两个牧师打扮的流氓。可是今天我上班的时候却发现牢房里一共有三位牧师，看来其中有一位是真正的牧师，他是来帮忙挽救这两个流氓的心灵的。可是我无法分辨出谁真谁假了。"

"这有何难？你去问问他们"警官建议到"真正的牧师是不说假话的。"

"万一我问到的是骗子呢？史密斯说那个骗子从来不说一句真话；而且那个赌棍说话也是时真时假，见风使舵的。"

边玩边学数学

"现在把他们三个人分别关进单人牢房里，我去问问。"警官指示到。

他走进第一个牢房门口，问道："你是谁？"

"我是赌棍。"里面人回答道。

警官又走到第二个牢房门口问道："第一个牢房里关的是谁？"

"是骗子。"二号牢房的人回答说。

警官问了三号牢房里的人同样的问题，那个人回答说"一号牢房里关着牧师。"

警官回头对身边的看守员说："_____是真正的牧师，快去把他释放了。"

该释放谁呢？文文和佳佳很困惑。

悠悠提示说，这种问题要先选出一个答案，把它当作真话，看看所有的情况是否都与事实吻合。

例如：假设第一人说了真话，那么二号牢房和三号牢房中必定有一个人是牧师，牧师一定不会说谎。而事实上后面两个人没有支持一号的说法，所以一号在说谎。

文文说：我来假设第二个人说了真话，那么一号就是_____，而三号就是_____，与实际情况_____。所以_____。

佳佳说：我再假设第三个人说了真话，那么_____

盒子里的金币答案：金币在 B 里。

真假牧师答案：

文文：如果第二个人说了真话，那么一号就是撒谎的骗子，而三号就是在真个问题上选择了说谎的赌徒。恰好与实际情况相符。所以二号就是真正的牧师。

佳佳：如果第三个人说了真话，那么一号牢房关的就是牧师，他就应该说实话，这与一号牢房的嫌疑人说自己是"赌徒"产生矛盾。

 脑筋急转弯

27. 13 个人捉迷藏，捉了 10 个还剩几个？

9. 找出捣乱分子

晚上刚吃完饭，小川就跑回自己的房间，对着一张纸写写画画的。原来是班级的"侦探迷"悠悠出的谜题：

海边的某旅游胜地风景如画，一天，一位不速之客却在此做下了一桩臭不可闻的事件——他向一个区域内的每间屋子里丢了一堆臭气熏天的烂鱼。

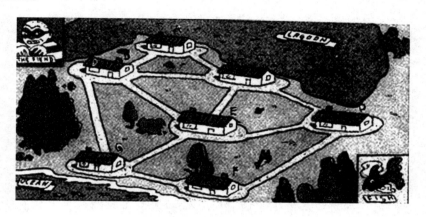

图 3-9-1　某旅游胜地风景图

上面就是案发现场。这个地方有 7 座乡村平房：其中 4 座（A、B、C 和 D）在环礁湖边，两座在海边（F 和 G），一座在中间（E）。平房之间有小路相连接。

一位村民看见这个鬼头鬼脑的家伙，提着一只大篮子从环礁湖走来，偷偷地溜进湖边的一栋房子。警察根据现场遗留的泥泞脚印判断，这个捣乱分子沿着小路闯进每一栋房子，并且每条小路只经过一次。警察没有发现他离开的脚印，因此断定，这个捣乱分子仍然藏匿在某幢平房内。遗憾的是现场脚印极不清晰，探员们无法从脚印上确定他行走的方向。村民也不记得到底他先闯进了环礁湖边 4 栋平房的哪一栋。但是他们能够确定这个家伙在每条小路上都没有走过两次。

到底这个捣乱分子藏身哪幢房子呢？

小川写写画画好久，还是找不出解决的办法，只好向爸爸求助。

爸爸看了一下"案情"，就向小川说道："这是一笔画问题。"

"一笔画?"小川有点疑惑，就在纸上画了两幅图，问道："是这个吗?"

图 3-9-2

"没错，就是这种笔尖不离开纸，笔迹不走重复路线，一笔画完的图形。"爸爸肯定道。

"这是我们小学美术活动课学的内容，和破案有什么关系啊?"小川还是很疑惑。

爸爸笑呵呵地看着小川，不说话。

小川的好奇心上来了，拉着爸爸非要他讲清楚。

看到小川急切的样子，爸爸也就不卖关子，认真地讲解起来。

这个问题起源于德国。德国的柯尼斯堡镇有条普莱格尔河，河流穿镇而过。当时，在河当中有两座小岛，小岛与陆地之间，以及小岛与小岛之间有 7 座桥相连。柯尼斯堡镇的居民常常争论，能否从镇上任何位置出发，走遍所有的 7 座桥，并且每座桥只走一次，最终又回到出发点呢? 没有人知道该怎么走，也没有人能说清楚为什么不能这么走。

大数学家欧拉对这些争论十分感兴趣，把它提炼成了一个著名的谜题:

在柯尼斯堡镇，能不能一次性不重复地走过普莱格尔河上连接 2 座小岛以及陆地的 7 座桥呢？

下面就是柯尼斯堡镇的示意图，陆地用大写字母（A、B、C、D）表示：

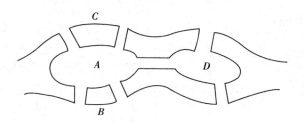

图 3-9-3

为了解决问题欧拉把柯尼斯堡镇的示意图简化为轮廓曲线图。将陆地缩略成点或顶点，将桥缩略成路径或边，用小写字母（a，b，c，d，e，f，g）表示。这样就不必考虑陆地和桥梁的具体形状了。并将谜题重新表述为：

能否一笔画出下面这个图，且每条边只画一次呢？

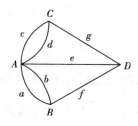

图 3-9-4

"等一等！"小川打断爸爸的讲解，"这个图形很眼熟，让我想想看。"

"哦，对了，这个图形旋转之后，就是我们人的鼻子。"小川兴奋地说，"我还记得老师说过，人的鼻子是不可以一笔画出的。"

"你说的对，"爸爸笑着肯定了小川，"而且这种图形在当代图论知识中被称为网络。"

"要理解欧拉的解题方法，我们先来看几种简单的网络。"爸爸在纸上画了几个图形。

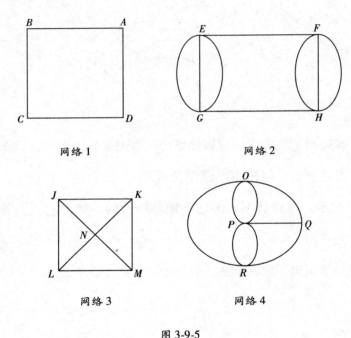

网络1   网络2

网络3   网络4

图 3-9-5

"你来观察这些图形的顶点处分别汇聚几条线段？"爸爸问小川。

"这个很容易就看出来了。"小川自信满满地回答道。

"嗯，你都答对了。"爸爸接着说："我们把这些顶点分一下类：汇聚于该顶点的线段数为偶数的叫偶顶点，汇聚于该顶点的路径数为奇数的叫奇顶点。"

"图网络1和图网络2中，四个顶点均为偶顶点。从任意顶点出发，不用走回头路很容易就可以遍历该网络（即可以一笔画出）。"

"图网络3中，外部的四个顶点（J、K、L、M）均与奇数条（3条）路径相连，内部的顶点 N 则有偶数条（4条）路径相连。图网络4中，上部的顶点 O、底部的顶点 R 是偶顶点，有四条曲线路径汇聚于此；中部的顶点 P 是奇顶点，与1条直线和4条曲线路径相连；右部的顶点 Q 则是奇顶点，有2条曲线和1条直线路径汇聚于该点。也就是说，总共有两个奇顶点和两个偶顶点。"爸爸要求小川尝试一下这两个网络，是否可以一笔画出。

小川画了几次发现_____可以一笔画出，而_____无法一笔画出。

爸爸要求小川再设计几个网络，总结一下什么样的网络是可以一笔画出的。

通过实验可以发现：如果一张网络中奇数点超过两个，就无法做到不重复任何路径而遍历该网络。

"我们不能因为这个结论满足几个图形就承认它的正确性。"小川坚持到："老师说过，数学定理必须经过严格的证明才可以使用。"

爸爸赞许地点点头："你说得很对，欧拉用了很巧妙的办法证明了这个结论的正确性。"

爸爸接着讲解了欧拉的证明方法。

对于偶顶点，无论汇聚于该点的路径有多少条，这些路径不必重复走就恰好可以"走完"。例如，对于只连接两条路径的偶顶点，一条进，另一条出，不必重复走就可以"走完"这两条路径；再看另一个例子，对于连接四条路径的偶顶点：第一条进，第二条出，第三条又为进，第四条则为出，同样所有路径可以被"走完"。一般的偶顶点的情况同理可证。

反过来，对于奇顶点，总存在一条路径无法"用完"。例如连接三条路径的奇顶点，一条路径用作"进"，另一条用作"出"，但第三条只能用来回到该顶点。要离开这顶点，我们只能重走三条路径中的某一条。

所以说，能不重复任何路径而遍历的网络，最多只能包含两个奇顶点，而且它们必须是起点或终点。为什么呢？我们分别记这两个奇顶点为 A 和 B。因为是奇顶点，A 必定有一条路径没有"用完"。类似地，B 也必定有一条路径没有"用完"。不过，要是把其中一条用作"出"的路径，另一条用作"进"的路径，那么实际上这两条路径就被"走完"了。但是，若网络中还存在第三个奇顶点，那么必定要重走一条以上的路径才能遍历网络。

小川试着把欧拉发现的这个原则应用到柯尼斯堡图上去，很快就解决了这个世纪问题。你也来试一下吧！

悠悠出的谜题，小川也很快地解决了，这个犯罪分子藏身于平房 G 内。至于原因吗，同学们就由你们来解答了。

参考答案

柯尼斯堡问题答案

因为该网络有四个顶点，每个都是奇顶点，汇聚于各顶点的路径数分别为：$A = 3$，$B = 5$，$C = 3$，$D = 3$。这就意味着我们无法不重复任何一条路径一笔画出该图。

悠悠谜题参考答案

这个犯罪分子藏身于平房 G 内。由于他每条小路只经过一次，所以他不会停留在有偶数条小路的平房内。每当他来到这样的平房，他必须从一条小路进去，另一条小路离开。只有 D、G 这两幢房子与奇数条小径相连，而他是从环礁湖边闯入的，因此他必定是先进入 D，最终藏身于 G

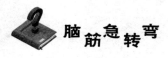

28. 加减乘除少一点。打一字。

04

统计关注篇

1. 键盘上字母的排列规律

小川很喜欢打电脑游戏,这不,周末休息,他又在电脑面前聚精会神地和"敌人厮杀",爸爸看他那么专注的样子,突然问道:"你那么喜欢玩电脑,有留心观察过你使用的键盘吗?键盘上的英文字母是如何排列的呢?是按照 26 个英文字母从 A 到 Z 依次排列的吗?"

图 4-1-1 键盘

这个问题一下让正在沉浸在游戏情节中的小川愣住了,它低头看看键盘,回答:"显然不是。"

爸爸又问道:"为什么键盘上的字母不按照字母表的顺序排列呢?如果那样排列的话不是更便于记忆字母的位置吗?"

带着这个问题,小川停止了玩电脑,开始思考以下问题:字母的主要作用是什么?字母是用于书面表达的,英文有 26 个字母,这些字母在书面表达中一样重要吗?各个字母在英语的书面表达中出现的次数一样吗?哪些字母出现的次数比较多?

这么多问题一个人解决似乎有些困难，老办法，小川又拉上悠悠、佳佳、文文一起做这个活动。

活动一

要求：对英语教科书、教师提供的英语文章、自己寻找的英语文章等进行统计，统计各字母出现的次数，并计算各字母出现的频率，并由频率估算出该字母出现的概率。

设：所有字母出现的总次数为 n，某个字母出现的次数为 m，则 $\dfrac{m}{n}$ 为这个字母出现的频率。

小伙伴们分为两组，每个组根据任务要求各自分工。

第一组的任务：对英语教科书或英语报纸中的文章进行统计，并计算各字母出现的频率。

第二组的任务：利用计算机对老师提供的英语文章、自己寻找的英语文章进行统计，并计算各字母出现的频率。

字母	A	B	C	D	E	F	G	H	I
次数									
频率									
字母	J	K	L	M	N	O	P	Q	R
次数									
频率									
字母	S	T	U	V	W	X	Y	Z	空格
次数									
频率									

实验记录表1

根据上表将各个字母和空格键按出现的概率由大到小列出，再和后面参考资料中的数据进行对比，看是否相近。

活动二

要求：按照正确的指法在计算机中输入活动一进行统计的英文文章，统计各个手指击打键盘的次数。

左手	食指	中指	无名指	小指
击打次数				
右手	食指	中指	无名指	小指
击打次数				
大拇指击打次数				

实验记录表 2

活动总结

根据统计数据来看，在设计键盘时，既要考虑手指打字的一般规律，又要考虑各个键的使用概率的大小，从统计结果来看，"空格"键使用的概率最大，所以将这个键设计得也最大，并且放在最便于使用的位置（放在键盘的下方中央的位置），其他字母键也参考其使用概率的大小，配合手指在键盘上的操作规律，被放在通常操作中应在的位置，设计者认为这对多数人是最合理的，于是，键盘就设计成图 4-1-1 的样子。

由此可见，键盘上字母的排列顺序和规则是按照它使用的频率而定的，这也就解释了为什么没有按照字母顺序的原因。

参考资料

已有很多人对字母频率进行了大量的统计调查，发现在英文的书面表达中，各字母出现的频率具有一定的稳定性，下表是一份有关这些频率的统计表。

字母	A	B	C	D	E	F	G	H	I
频率	0.063	0.0105	0.023	0.035	0.105	0.0221	0.011	0.047	0.054
字母	J	K	L	M	N	O	P	Q	R
频率	0.001	0.003	0.029	0.021	0.059	0.0644	0.0175	0.001	0.053
字母	S	T	U	V	W	X	Y	Z	空格
频率	0.052	0.071	0.0215	0.008	0.012	0.002	0.012	0.001	0.2

根据此表字母和空格键的出现频率由大到小排列为：

空格，E，T，O，A，N，I，R，S，H，D，L，C，F，U，M，P，Y，W，G，B，V，K，X，J，Q，Z

思维拓展

只要我们留心身边的事物，一定能发现许多与概率有关的问题，下面就让我们思考及练习一下好吗？

（1）在计算机上使用汉语拼音输入法时，输入同样的拼音，会显示一系列同音的汉字，例如输入 tian，会显示"1：天　2：田　3：填　4：添　5：甜……"。这些同音字的排列顺序是根据什么道理呢？这与汉字的使用概率有关吗？

（2）5 张扑克牌中只有一张黑桃，5 位同学依次抽取，第一位抽到黑桃的概率大，还是最后一位抽到黑桃的概率大，还是两个概率一样大？请同学们通过试验，用频率估计概率的方法得出问题答案。

脑筋急转弯

29. 河边有一条小船，没有船夫。要渡 37 人，一次只能有 7 人，几次能渡完？

2. 谁的反应快

运动会到了，随着一声枪鸣，男子 100 米决赛开始了。运动员们箭步如飞，速度不相上下。然而有的运动员却因为"输在了起跑线上"而与夺冠失之交臂。那么为什么同时听到枪声的运动员却会在不同的时间起跑呢？

运动队的体育老师给了大家一个合理的解释。原来，决定运动员起跑时间的是他们听到枪声之后的反应速度，反应越快起跑的时间就越早，获胜的机会就越大。"飞人"刘翔最快的一次起跑反应纪录 0.108 秒，与人

图 4-2-1　在短跑比赛中，起跑很关键

131

类极限速度（0.102 秒），或者说与抢跑犯规仅千分之六秒之差。

在校秋季运动会上落败的悠悠不仅遭到了同学们的埋怨，还被冠上了反应慢的"罪名"。悠悠很不甘心，找到了班长小川，要求做一次全班同学反应时间的调查。但是由于同学起跑的瞬间不易观察，反应时间过短，又没有专门的测量仪器，所以不易测量。那么如何测量谁的反应快及反应时间呢？

经过讨论，班长小川提出个建议，设计了如下的实验，内容如下：

准备一把带刻度的直尺，两位同学（先由班长和悠悠）合作测量反应速度（如图 4-2-2 所示）。

步骤一：被测同学（悠悠）伸出一只手，拇指和其余四指分开；

步骤二：让同伴（班长）把直尺直立，刻度 0 在下方，拿到被测同学的拇指和四指之间，使刻度 0 的位置与拇指在同一高度，然后在不告知被测同学的情况下松手，被测同学要以最快的速度抓住直尺；

图 4-2-2

步骤三：记录手抓住在直尺上的刻度（厘米）；

步骤四：重复试验 10 次，记录并整理试验所得数据。

两位同学互换重复此实验，看谁的反应快。

班长和悠悠的试验数据如表 1：

次数 刻度 （厘米） 姓名	一	二	三	四	五	六	七	八	九	十	平均
悠悠	10	200	26	18	30	24	32	14	18	26	21.8
班长	14	24	26	12	24	22	12	28	20	18	20

表1

那么，如何计算反应时间呢？

初速度为零被释放物体的运动为自由落体运动，那么尺子从手中落下的运动就是自由落体运动。

计算公式为：$h = \frac{1}{2}gt^2$，其中 $l = h$，$g = 9.8$ 米/秒^2 $= 980$ 厘米/秒^2，

则：$t = \sqrt{\dfrac{2l}{980}}$ 秒

利用计算器分别计算出悠悠和班长的反应时间：

悠悠的反应时间为：$t = \sqrt{\dfrac{2 \times 21.8}{980}} = 0.211$ （秒）

班长的反应时间为：$t = \sqrt{\dfrac{2 \times 20}{980}} = 0.200$ （秒）

很显然班长的反应速度及反应时间比悠悠快，悠悠再一次遭到了同学们的嘲笑，但是悠悠依旧不服气，希望能够调查出全班同学的成绩，并与之相比较。

调查结束后，全班的平均反应时间为0.204秒，由此可以看出悠悠的反应能力在班中是中下水平。从此，悠悠开始加强练习自己的反应能

力，成绩有了明显的提高。

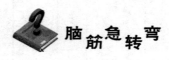
脑筋急转弯

30. 三张分别写有 2、1、6 的卡片，能否排成一个可以被 43 除尽的整数？

3. 估计全班同学的身高

初二（1）班同学的身高各不相同，小川想计算出全班同学的平均身高，想要对每一个人的身高做调查。

如果你是小川，想要了解全班和全年级同学的平均身高，你会怎么做呢？

显然，如果对每一个人的身高进行调查，必定会花费大量的时间和精力。于是有的同学便提出了随机选取部分同学测量身高，然后估计出全班同学平均身高的方法。

那么，此种方法真的可行吗？抽取多少名学生进行调查比较合适呢？被调查的学生又如何抽取呢？

经过讨论，他们一起设计了下面的活动，来验证此方法的可行性。

活动一

采用简单随机抽样调查的方法，估计全班同学的平均身高。

活动准备：根据本班人数准备相同数量的小纸片，这些小纸片没有明显差别，在小纸片上从 1 开始顺序写上每人的学号，为随机抽取做准备。

（1）把记录每个同学学号的所有小纸片放在一个纸盒里，充分搅拌盒中的纸片。

（2）随意抽取出 15 张纸片作为一个样本，抽到谁的学号，谁就报出自己的身高，由一位同学记录下来，最后统计并计算出身高的平均值。数据如下：

抽样数据/厘米	155	156	159	157	150	165	163	167
	153	161	169	161	159	182	172	
平均身高/厘米	161.9333333							

表1　抽样调查情况

得出结论，全班同学的平均身高约等于 161.9 厘米，或约为 162 厘米。

那么，这个结论是否正确呢？班上有的同学起了怀疑，于是就想验证一下，他自己调查了全班所有人的身高，并计算出平均身高，数据如下：

156	154	163	152	153	162	182	156	169	178
163	157	176	161	171	165	168	167	165	159
155	159	150	162	160	164	150	166	172	157
164	165	168	167	165	156	160	148	154	161
平均身高/厘米	162								

表2　全班所有同学身高及平均身高

将两数据进行了比较，结果如下：

抽样人数	15 人	全体
平均身高/厘米	161.93	162

表3　平均身高比较

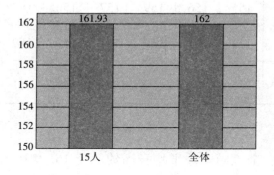

图 4-3-1　平均身高比较

由此可知：两数据非常接近，所以此抽样调查的方法是可行的。

（3）结果

由此一来，班长小川有了更加科学有效的方法，不仅准确测量出班里同学的平均身高，并且测出了年级的平均身高。佳佳、文文都很满意。

估算完平均身高后，小川所在的学校刚好接到了参加国庆练队的通知，要求各年级各班各选出 30 人参加国庆练队，那么能否利用以上这些数据选出身高相差不多的 30 名学生参加国庆练队呢？让我们一起通过活动二，来完成这项工作吧。

活动二

为了让队伍比较整齐，我们就要知道身高的分布情况，哪些身高范围的学生比较多，我们就选择那些同学，那么我们就要通过对这些数据（表 2 中所有学生的身高）进行适当的分组来进行整理。

（1）计算最大值与最小值的差

从表 2 中可知，最大值为 182，最小值为 148，它们的差为 34，说明身高的变化为 34 厘米。

（2）决定组距和组数

如果取组距为 4 厘米，那么可分为 9 组，组数适合，所以取组距为 4 厘米，组数为 9。

（3）列频数分布表，如表 4

身高 x（厘米）	频数（学生人数）
$148 \leqslant x < 152$	3
$152 \leqslant x < 156$	5
$156 \leqslant x < 160$	7
$160 \leqslant x < 164$	8
$164 \leqslant x < 168$	10

（续表）

身高 x（厘米）	频数（学生人数）
$168 \leqslant x < 172$	4
$172 \leqslant x < 176$	2
$176 \leqslant x < 180$	1
$180 \leqslant x < 182$	1

表4：频数分布表

（4）画频数分布直方图

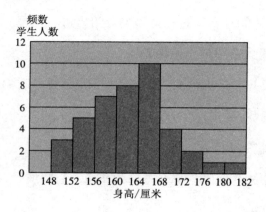

图 4-3-2

（5）结论

由表和图可知，152厘米到171厘米的同学共33人，再从这33人中选30人参加国庆练队即可。

（6）活动总结

全面调查和抽样调查是收集数据的两种方式。全面调查收集的数据全面、准确，但一般花费多、耗时长，而且某些调查不宜用全面调查，例如关于灯泡寿命、火柴质量等具有破坏性的调查。抽样调查具有花费少、省时的特点，但抽样的样本是否具有代表性，直接关系到对总体估计的准确程度。例如活动一中，如果抽取的学生人数很少，那么样本就不能很好地反映总体的情况。如果抽取的学生人数很多，必然花费大量的时间、精力，达不到省时省力的目的。因此抽取的学生数目要适当。

当我们要了解数据总体的分布情况时，例如活动二，就可以利用频数分布确定人选的方法。分析数据的频数分布，首先是将数据分组，根据一组数据的最大值、最小值可以确定这组数据的极差，极差反映了数据的变化范围。参照极差，可以确定组距，进而可以将数据进行分组，利用频数分布表给出身高数据的分布情况，分析频数分布表可以看出大部分学生的身高分布在哪个范围，由此可以确定参加国庆练队学生的身高。

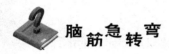

31. 一堆西瓜，一半的一半比一半的一半的一半少半个，请问这堆西瓜有多少个？

139

4. 吸烟的危害

5月31日是世界无烟日。同学们决定在这一天做一些有意义的事情。经过集体的商量后，文文打算调查出我国与世界其他国家每年的吸烟致死人数是多少，以此来警示同学们不要受香烟的诱惑。但他遇到了困难，并未调查出确切数据，只查找到了下面的资料。

据一份统计资料显示，全球目前有烟民约 13 亿人，如果对烟草不加控制，21 世纪吸烟致病死亡人数将可能达到 1 亿，比 20 世纪翻一番。中国目前的烟民数量约 3.2 亿，约占世界吸烟人数的 1/4，全国青少年现在吸烟者约为 1500 万，尝试吸烟者 4000 万。全世界每年有 500 万人死于与吸烟有关的疾病，也就是说每天平均有近 14000 人死于与吸烟有关的疾病。比较一年中死于与吸烟有关的疾病的人数占吸烟者总数的百分比，我国比世界其他国家约高 0.1%。

根据以上数据计算，我国及世界其他国家一年中死于与吸烟有关的疾病的人数分别是多少呢？

让我们一起对上面的资料进行分析，找出已知及要求的问题，并一起来解决吧。

活动一

从资料中找问题和条件。

（1）从资料中找问题

问题：一年中我国及世界其他国家死于与吸烟有关的疾病的人数分别是多少？

我们就先假设为 x 和 y 吧。为了计算方便，我们将单位统一为"万人"。

（2）从资料中找条件

条件 1：全世界每天平均有 1.4 万人死于与吸烟有关的疾病，全世界每年就约有 500 万人死于与吸烟有关的疾病。

条件 2：我国吸烟者约 3.2 亿人，即 3200 万人，占世界吸烟人数的 1/4。

世界吸烟人数为 13 亿人 = 13000 万人，

世界其他国家吸烟人数为 13000 − 3200 = 9800（万人）。

条件 3：比较一年中死于与吸烟有关的疾病的人数占吸烟者总数的百分比，我国比世界其他国家约高 0.1%。

我国死于与吸烟有关的疾病的人数占吸烟者总数的百分比为：$\dfrac{x}{3200}$。

世界其他国家死于与吸烟有关的疾病的人数占吸烟者总数的百分比：$\dfrac{y}{9800}$，则：$\dfrac{x}{3200} - \dfrac{y}{9800} = \dfrac{0.1}{100}$。

为了更清楚地表示这些数据，我们将它们用表格的方式表示出来，见下表：

国家	死于与吸烟有关的疾病的人数（万人）	吸烟的人数（万人）	死于与吸烟有关的疾病的人数占吸烟者总数的百分比
我国	x	3200	$\dfrac{x}{3200}$
世界其他国家	y	9800	$\dfrac{y}{9800}$
全世界	500	13000	

表 1

将资料中的条件和问题分析后，是否知道如何解决了呢？是否要用列二元一次方程组的方式来解决呢？试试看吧。

活动二

调查身边受二手烟、三手烟危害的同学人数。

（1）查找资料：了解香烟的危害、二手烟的危害、三手烟的危害。

（2）设计并在班中发放调查问卷。

　　1）家里有多少人吸烟？

　　2）当你与家人相处时，有多长时间受到二手烟的危害？

　　3）谈谈你对家人吸烟的看法。

　　4）……

　　5）……

（3）统计调查问卷结果并进行分析。

活动三

调查部分已经开始吸烟的青少年。

（1）查找资料：了解我国青少年吸烟的人数和普遍原因。

（2）设计并发放调查问卷。

　　1）你从什么时候开始吸烟？

　　2）什么原因开始抽烟？

　　　A. 受朋友、家庭、同学影响

　　　B. 受了负面情绪的影响

　　　C. 仅仅是好奇、时尚，喜欢吸烟的感觉

D. 其他

3）什么情况下最容易吸烟？

A. 无所事事时

B. 心情烦躁时

C. 孤单无助时

D. 课业压力大时

E. 聚会时

F. 其他

4）平均一天吸几根烟？

A. 1 根

B. 1－5 根

C. 5 根以上

5）尝试过戒烟么？

A. 没有

B. 尝试过，但戒不掉

3. 统计调查问卷结果并进行分析。

活动四

开展特色活动减少香烟对我们及家人的危害。

（1）仿照世界卫生组织设定的"世界无烟日"，号召家人设定自己家的"家庭无烟日"。

（2）同学们根据家人的吸烟情况，调整"家庭无烟日"的设定频

统 计 关 注 篇

率，并在家中设置有关吸烟危害的宣传标语。这样，不仅可以减轻二手烟对自己的危害，同时，也改善了家人的吸烟情况。

小资料

（1）香烟的危害：香烟中含有 1400 多种成分，其中对人体危害最大的是尼古丁。一支烟所含的尼古丁就足以杀死一只小白鼠。2000 年中国由吸烟导致的死亡人数近 100 万，超过艾滋病、结核、交通事故以及自杀死亡人数的总和，占全部死亡人数的 12%。吸烟损害大脑，使思维变得迟钝，记忆力减退，影响学习和工作，使学生的学习成绩下降。心理研究结果表明，吸烟者的智力效能比不吸烟者减低 10.6%。

（2）2004 年世界无烟日主题：控制吸烟，减少贫困。2005 年，我国吸烟导致的疾病和直接成本估算为 1665.60 亿元，吸烟导致的间接成本是 861.11 亿元至 1205.01 亿元，烟民一年烧掉了财富 2500 亿元左右。举世闻名的长江三峡工程 15 年总投资才 2000 亿元；跨世纪的南水北调工程 50 年总投资才 5000 亿元。全球每年死于吸烟及其相关疾病的人数达 490 万，每年支出的医疗费和造成的经济损失超过 13600 亿元。

（3）不吸烟者每日被动吸烟 15 分钟以上者定为被动吸烟，又称"强迫吸烟"或"间接吸烟"。二手烟既包括吸烟者吐出来的主流烟雾，也包括从纸烟、雪茄或烟斗中直接冒出来的侧流烟。许多化合物在侧流烟中的释放率往往高于主流烟。如被其他非吸烟人士吸进体内，亦可能和氡气的衰变产物混合一起，对人体健康造成更大的伤害。在日常生活中绝大多数人不可能完全避免接触烟雾，因而成为被动吸烟者。与此相关的世界无烟日主题：

a）1998 年：在无烟草环境中成长；

b）2001 年：清洁空气，拒吸二手烟；

c）2007 年：创建无烟环境。提醒公众认识烟草烟雾对被动吸烟者和环境的危害。

中国每天有 5.4 亿人受到被动吸烟的危害。约有 1.8 亿儿童生活在二手烟的环境中，40% 至 80% 的儿童在家里受到二手烟的伤害。

（4）"三手烟"是指香烟发散、滞留在墙壁、家具、衣服甚至头发和皮肤上的有害微粒和气体。它包含重金属、致癌物、甚至辐射物质。父母若在室外吸烟，婴儿体内古丁尼含量比不吸烟家庭婴儿高 7 倍，父母在其身边吸烟的婴儿体内尼古丁含量最高，多于不吸烟家庭婴儿近 50 倍。

解：设我国一年中死于与吸烟有关的疾病的人数为 x 万人，其他国家一年中死于与吸烟有关的疾病的人数为 y 万人。

根据上面分析结果，得方程组：

$$\begin{cases} x + y = 500 & ① \\ \dfrac{x}{3200} - \dfrac{y}{9800} = \dfrac{0.1}{100} & ② \end{cases}$$

化简②后得：

$$49x - 16y = 156.8 \qquad ③$$

③ + ① × 16 得：

$65x = 8156.8$

解这个方程得：

$x \approx 125.49$

把 $x = 75.25$ 代入①得：

$y = 374.51$

因此，这个方程组的解为：

$$\begin{cases} x = 125.49 \\ y = 374.51 \end{cases}$$

即：我国一年中死于与吸烟有关的疾病的人数约为 125.49 万人，其他国家一年中死于与吸烟有关的疾病的人数为 374.51 万人。

 脑筋急转弯

32. 在一片森林里住着老少两人，老者每逢星期一、二、三就只说谎话，少者每逢星期四、五、六也说谎话，其他时间他们说真话。

有一天小明走入了森林里迷了路，恰好碰到了那两个人，也知道他们说谎话的日子，因此他想，要问路就要现搞清当天是星期几，如果是星期一、二、三就不问老者，如果是星期四、五、六就不问少者，如果是星期天，当然问谁都可以了。

当小明问他们的时候，他们都回答说："昨天是我说谎的日子。"

你知道当天是星期几吗？

5. 生活水平调查

全国人民普遍的生活水平反映了一个国家的经济水平和综合实力。若想得知全国人民的生活水平，首先就要有调查和计算生活水平的方法。

让我们一起来看一组数据吧。

下表是国家统计局公布的我国 2007 年城镇居民家庭平均每人全年消费性支出情况：

项目	总平均	最低收入户（10%）	低收入户（10%）	中等偏下户（20%）	中等收入户（20%）	中等偏上户（20%）	高收入户（10%）	最高收入户（10%）
消费性支出（元）	9997.47	4036.32	5634.15	7123.69	9097.35	11570.39	15297.73	23337.33
食品	3628.03	1904.09	2451.15	2942.78	3538.30	4229.78	5062.13	6439.53
衣着	1042.00	360.89	565.19	776.85	1017.66	1278.22	1579.06	2162.63
居住	982.28	469.05	605.01	718.26	873.89	1095.36	1436.69	2290.13
家庭设备用品及服务	601.80	163.91	282.51	385.04	545.18	716.89	967.68	1597.44
医疗保健	699.09	281.13	378.69	501.69	646.52	861.43	1108.59	1472.54
交通通信	1357.41	314.24	548.82	710.05	993.43	1420.31	2467.69	4815.64
教育文化娱乐服务	1329.16	445.71	646.99	877.36	1172.43	1544.20	2092.01	3526.23
杂项商品与服务	357.70	97.29	155.79	211.66	309.95	424.19	583.88	1033.17

表 1 城镇居民家庭平均每人全年消费性支出（2007 年）

那么怎样根据这些数据看出生活水平的高低呢？

德国统计学家恩格尔提出了能够反映生活水平的一种统计参数，叫

147

恩格尔系数，恩格尔系数 $n = \dfrac{家庭日常饮食开支}{家庭总支出}$，它被经济学家用来测量居民生活水平。一般地说，恩格尔系数越小，生活水平越高。下表是反映居民家庭生活水平的恩格尔系数表。

家庭类型	贫困家庭	温饱家庭	小康家庭	富裕家庭	最富裕家庭
恩格尔系数	$0.60 < n$	$0.50 \leq n$ ≤ 0.60	$0.40 \leq n$ ≤ 0.49	$0.30 \leq n$ ≤ 0.39	$n < 0.30$

表2　反映居民家庭生活水平的恩格尔系数对照表

此系数表是根据联合国粮农组织提出的标准，它可以作为调查经济发展水平的参考。由此可知，表1中的恩格尔系数 $n = \dfrac{食品}{消费性支出}$，整理表1得到恩格尔系数表如下。

项目	总平均	最低收入户（10%）	低收入户（10%）	中等偏下户（20%）	中等收入户（20%）	中等偏上户（20%）	高收入户（10%）	最高收入户（10%）
消费性支出（元）	9997.47	4036.32	5634.15	7123.69	9097.35	11570.39	15297.73	23337.33
食品	3628.03	1904.09	2451.15	2942.78	3538.30	4229.78	5062.13	6439.53
恩格尔系数（%）	36.29	47.17	43.51	41.31	38.89	36.56	33.09	27.59

表3　城镇居民家庭生活水平恩格尔系数表（2007年）

由表3可知：恩格尔系数越小，家庭经济状况越好。

下面我们再看一组数据，此数据是国家统计局公布的 1978～2007 年描述城乡居民平均家庭生活水平的恩格尔系数（%）表。

年份	城镇居民家庭恩格尔系数（%）	农村居民家庭恩格尔系数（%）
1978	57.5	67.7
1980	56.9	61.8
1985	53.3	57.8
1990	54.2	58.8
1991	53.8	57.6
1992	53.0	57.6
1993	50.3	58.1
1994	50.0	58.9
1995	50.1	58.6
1996	48.8	56.3
1997	46.6	55.1
1998	44.7	53.4
1999	42.1	52.6
2000	39.4	49.1
2001	38.2	47.7
2002	37.7	46.2
2003	37.1	45.6
2004	37.7	47.2
2005	36.7	45.5
2006	35.8	43.0
2007	36.3	43.1

表4　1978～2007年城乡居民平均家庭生活水平的恩格尔系数（%）

统计关注篇

149

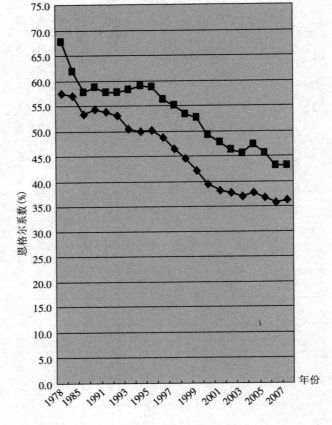

图 4-5-1 城乡居民家庭生活水平的恩格尔系数

根据以上图和表格，同学们是否能看出我国 1978～2007 年我国人民的生活水平呢？

城镇居民从 1978 年恩格尔系数为 57.5% 处于温饱家庭的水平到 2007 年恩格尔系数为 36.3% 处于富裕家庭的水平，农村居民从 1978 年恩格尔系数为 67.7% 处于贫困家庭的水平到 2007 年恩格尔系数为 43.1% 处于小康家庭的水平。可见，我国人民的生活水平有了很大的提高。

下面让我们做一个活动，根据恩格尔系数的计算方法，计算一下我们各自的家庭的生活水平处于什么状态。

活动

根据上面知识，调查一下我们自己的家庭状况。

（1）收集数据。

要求：每位同学记录自己家庭一周的总支出和用于食品方面的支出，和家长一起估算出家庭平均每月的总支出和用于食品方面的支出。

本月总支出	
用于食品的支出	

表5　家庭支出情况表

注：总支出内容见表1中的消费性支出的所有内容。

（2）计算恩格尔系数，确定自己家庭生活水平所处的位置。

恩格尔系数	
家庭生活水平	

表6　家庭生活水平情况表

共同讨论：家庭困难的同学是否应该接受大家的资助呢？

有的同学认为家境困难的同学不应无故接受大家的帮助，因为家长赚钱都不容易，每个家庭都应该为自己的生活负责。但另一部分同学则持相反意见。

文文说:"每个人家庭收入都是父母亲辛辛苦苦赚来的,不应当随意给其他家庭。"

"资助贫困学生是我们应做的,我们这个年龄,正是学习和长身体的阶段,不能因为家庭经济困难而荒废了学业,或因为节食而损坏了身体。"悠悠反驳道。

"希望得到资助的同学应该首先计算自己是否应该申请资助,如果可以克服暂时的困难,就不要申请,把机会留给更需要的人。如果真的属于温饱家庭,甚至已经成为贫困家庭的一员,就要坦然地申请资助。这样才能顺利完成学业。以后可以通过帮助其他人,来回报自己曾经得到的资助。"班长小川考虑得非常全面。

"我同意,"佳佳支持小川:"依我看资助贫困学生还是很必要的,受资助的贫困学生也不要感到不好意思。现在好好学习,树立远大的理想,早日成为国家的栋梁,如果早早离开课堂,成为一名打工者。那是对老师、家长多年培养的一种浪费,也对不起自己多年的努力。只要有一颗感恩的心,将来在有能力的情况下,再去帮助别人,回报社会,岂不是更好吗?"

"我建议,我们把恩格尔系数的计算方法和申请资助的标准告诉全班同学,请大家自己进行计算,估计自己家的生活水平。让困难同学把自己的计算结果通过钟老师上报德育处,申请助学金。"

"对。我们也要像那些有能力的同学和家长呼吁,希望大家都能献出爱心,尽我们的所能去帮助那些需要帮助的同学。"大家越说越

边玩边学数学

热闹。

"同学们：你们能认识到救助与被救助的社会意义，能教会有困难的同学理智的分析自己的现状，运用科学知识的同时又能有理智的帮助人。真不简单！"不知什么时候，钟老师站在了大家身后。

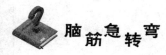

33. 怎样用三根筷子搭成比 3 大比 4 小的数？

6. 做个妈妈的小帮手

俗话说："不当家不知柴米贵"，记录每个月的生活开支与收入总是妈妈的事情，小川看着妈妈那么辛苦很心疼，同时也为了锻炼一下自己的生活能力，于是决定帮助妈妈记录家庭生活收支账目。在妈妈的账本上记录着全家的各项收入和支出，并计算当月的总收入、总支出、总节余以及每日平均支出等数据。每个月的账目妈妈都妥善保存，用作日后家庭理财的参考资料。

妈妈听说小川要帮忙，真是高兴极了。她拿出了自己记账本。只见上面写到：

```
┌──────────────────────────────────────────────────────┐
│                  九月份记账情况                          │
│                                                        │
│  1 日：给文文的学习费用：200 元                          │
│                                                        │
│  2 日：去超市：53 元（购买日常用品、肉蛋）                │
│        买菜、水果：5.6 元                                │
│                                                        │
│  5 日：交水费、电费：50 元，交电话费：67 元               │
│      ⋮                                                  │
│                                                        │
│  9 日：去超市：69 元（购买日常用品、肉蛋、虾）            │
│        买菜、水果：8 元                                  │
│        请老乡吃饭：78 元                                 │
│      ⋮                                                  │
│                                                        │
│      ⋮                                                  │
│  9 月总费用：1563 元                                     │
└──────────────────────────────────────────────────────┘
```

小川看着妈妈的账本，发现妈妈记得非常认真仔细，每一笔花销都记得清清楚楚。有些地方还有批注：哪些不该买，哪些东西买早了，应该下一个星期再买，哪些东西买多了，等等。想着每天自己早早睡下了，而妈妈还要在灯下记账，小川理解了妈妈当家的难处。

一页一页地看下来，小川也发现了几个问题，一则记录比较凌乱，项目不太清晰，另外一个问题是由于消费金额有变动，可能是当时没记清楚，后来又改的。所以有些数字有涂改的痕迹。

小川应该怎么办呢？他找来了同学悠悠、文文和佳佳共同商讨。考虑到问题的实际情况，大家决定用表格的形式进行记录，这样不但清楚，而且妈妈以后只要往表格中填入主要的数据，同类相加就可以得到这个项目上这个月的总支出额，还可以方便的和上一个月进行比较，看看是否有所节约。每个家庭的具体情况是不一样的，综合考虑，设计的表格如下：

_____月家庭账目表

（单位：元）   ___月___日

项目	具体花销（本月同项数据均记在一起）	总金额
1. 日常用品		
2. 肉蛋奶等副食品		
3. 蔬菜		
4. 水果		
5. 服装		
6. 水费		
7. 电费		
8. 电话费		
9. 小川的教育费		
10. 全家娱乐消费		
11.		
12.		
总金额		
本月消费小结：	1. 本月节约之处： 2. 本月超出预算的花费： 3. ……	

统
计
关
注
篇

文文说道："小川，我们回家也可以帮妈妈记账，这样我们的妈妈都能轻松些。"

"是呀，她们一定会很高兴的。"

小川拿着设计好的表格回到家中给妈妈展示，妈妈看了看说道："儿子，你可真棒，这比妈妈的流水账可清楚多了。不过每天、每月都要在纸上画出表来可不是件容易的事呀。"

小川也觉得妈妈说道有道理，更何况他也没有解决涂涂改改的问题。

这时，爸爸说道："不要发愁，我们可以利用计算机帮忙呀！在计算机中常常是利用 Excel 进行统计。咱们在电脑上边看边讲吧。"

打开了电话，对着 Excel 界面，爸爸详细地讲了起来。

"Excel 又称为电子表格，它是由一些行和列组成的，行用数字1，2，3……表示，列用字母 A，B，C……表示。行和列相交的部分，叫做单元格。单元格用列号和行号表示。列号在前，行号在后。单元格是电子表格的最小单位，利用 Excel 非常的便于我们记录和修改数据。具体情况如下图所示：

	A	B	C	D
1	项目	具体花销（本月同项数据均记在一起）	总金额	
2	1. 日常用品			
3	2. 肉蛋奶等副食品			
4	3. 蔬菜			
5	4. 水果			
6	5. 服装			

图 4-6-1

利用 Excel 还可以绘制统计图，如下图所示

图 4-6-2

四个小伙伴拿着自己设计的家庭账目表都认认真真的统计起了家庭的收入与支出，一个月下来，大家互相交流感触。

文文说道："光是知道数据多少好像还不能太说明问题，我们应该把这些数据进行整理和分析，用什么方法呢?"

小川说到："我们可以利用学过的统计图来进行说明。统计图主要有条形图，扇形图和折线图。其中条形图可以直接读取出数据的量是多少，扇形图可以看出每一项的百分比，而折线图能很好地看出图形的变化趋势。"

悠悠说："真是个好办法，这样一来，所有的数据的百分比可以一目了然了，不但可以自己比较某一项的状况，还可以几个家庭对比一下，在某些方面有比好的理财方式大家可以互相借鉴。咱们快来动手画

图吧。"

小川："听爸爸说 Excel 也具有绘制统计图的功能，学好计算机对于我们的生活有很大的帮助，咱们一起好好的学习一下这个软件吧。"

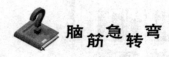 脑筋急转弯

34. 篮子里有 5 个苹果，分别要分给 5 个人，分完后，篮子里仍留一个，应该怎么分呢？

7. 社区空调滴水问题研究

夏天到了，阳光变得越来越炙热。在户外等同伴的小川不得不到屋檐下躲避太阳。突然一滴水滴到了小川的头上，当小川正疑惑着阳光明媚的天气怎么会是"下雨"的时候，又一滴"雨"打到了头上。小川抬起头，原来"雨水"是二楼运转的空调机滴下的水滴。再低下头，发现每一个单元口下都有一大摊水迹。于是，小川想："天气这么热，几乎家家户户全天都开着空调，而每一台空调机在使用中都会排出不少的水，让这些水白白流走，一夏天得浪费多少水啊！"

正在这时，悠悠来了，听了小川的讲述，他们决定对社区内空调滴水情况做一个调查，统计出数据，想出将水循环利用的方法，并在小区

做出宣传，以提高大家的节水意识。

如何开始呢？经过商量，他们决定首先到社区调查居民空调滴水问题的情况，对数据进行统计分析，然后在社区开展空调滴水收集试验和再利用宣传活动，提高大家节约能源的意识和改变环境问题的能力。下面就让我们一起开始吧。

采用设计调查问卷的方式收集数据

1. 设计社区空调情况调查表：

社区空调情况调查表

1）你家安装了几台空调？

A．没有安装　　　　　　B．1台

C．2台　　　　　　　　D．2台以上

2）如果气温达到35度，你会选择把空调开到多少度？

A．20度以下　　　　　　B．20～22度

C．23～25度　　　　　　D．26度或以上

3）你碰到过空调滴水的麻烦事吗？比如：马路上空调水溅到你、空调漏水、空调水随意排放等。

A．没有碰到过这类麻烦　　B．碰到过，比较讨厌

C．碰到过，无所谓

4）你认为空调滴下的水能够二次利用吗？

A．能　　　B．不能　　　C．没有想过

5）你对空调滴水的处理有些什么好的建议？

统
计
关
注
篇

2. 根据回收的调查问卷整理和描述数据：

问卷发放_____份，回收_____份。根据回收的问卷进行统计，并用柱状图或折线图表示出来。（每个问题可以单独绘图）

题号	A（人数）	B（人数）	C（人数）	D（人数）
1				
2				
3				
4				
5				

表1　空调滴水问题调查问卷统计表

柱状图

3. 分析数据：

从上面数据分析：对空调滴水问题是否已经引起大家的重视？

_____，原因可能是：_____。

4. 实验：

小川决定和同伴在自己家中做一个实验，测试一下空调滴水的情况，用数据引起大家的重视。

步骤：

（1）打开空调（小川家的空调是_____匹的），设置温度为26℃。

（2）测试室外温度，温度为_____℃。

（3）在下午最热的时候（午后两点钟前后），打开空调，设置开机时间为1小时，收集空调水。测量水量。利用三个天气状况相似的日子，重复 3 次。记录在实验记录表 1 中。

（4）在下午最热的时候（午后两点钟前后），打开空调，设置温度为 26℃，将自己家中空调的排水管接到一个 1.5 升可乐瓶上，记录收集 1 瓶水所用的时间。重复 3 次。记录在实验记录表 2 中。

日期	天气状况	室外温度	室内外温差	湿度	空调水量（mL）
平均值					

实验记录表 1

日期	天气状况	室外温度	室内外温差	湿度	收集 1.5L 水所用时间
平均值					

实验记录表 2

5. 得出结论：

根据上面实验可知：对于一台 1.5 匹的空调，在室内外温差_____℃，温度设定 26℃ 的情况下，空调运转 1 小时滴水大约收集空调水_____升。

如果每户人家一台空调按以上标准每天开 6 个小时，那么一个月（按 30 天计）就滴水_____升 = _____吨。（1 吨 = 1000 千克 =

1 立方米 = 1000 升）。按小区 200 户居民计算，那么夏季 3 个月滴水
_____ 吨。

看到这些数据，小川和同伴们都吃惊极了，以此类推，全市每年夏
季开空调会滴水多少？全中国滴水多少？全世界滴水多少？啊！太可
观了！

现在全球正面临着缺水的严峻挑战，如果将空调滴下的水再利用的
话，那将节约多少水资源呢？他们决定马上在小区内开展宣传活动，让
大家通过这些数据来了解空调水再利用的必要性及空调滴水的收集方法
等，以提高大家节约能源的意识和改变环境问题的能力。

他们马上制作了空调水再利用和滴水收集方法的宣传单（图 4-7-1
供你参考）和水滴回收实验结果（图 4-7-2 供你参考），并发放到社区，
提出倡议：解决能源，从我做起。最终，收到了良好的效果。

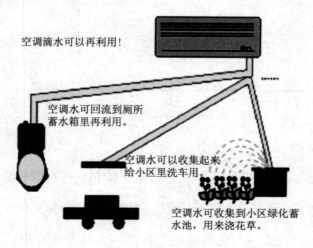

空调滴水可以再利用！

空调水可回流到厕所
蓄水箱里再利用。

空调水可以收集起来
给小区里洗车用。

空调水可收集到小区绿化蓄
水池，用来浇花草。

图 4-7-1

水滴回收实验结果

用可乐瓶收集水滴，进行计算：按每家每户夏季平均每天开一个 1.5 匹空调 6 个小时，设置温度为 26℃，滴水量为多少？

经过测试：当室外温度为 34℃，1.5 匹温度设定 26℃，6 小时滴水大约 10.5 升（1.5 升饮料瓶 7 瓶半左右），平均每小时 1.75 升左右。

如果每户人家一台空调按以上标准开 3 个小时，那么 30 天就滴水 5.25×30＝157.5 升。按小区 200 户居民计算，那么每个月滴水 157.5×200＝63000 升＝63 吨。以此类推，本市每年暑假开空调滴水多少？全中国滴水多少？全世界滴水多少？啊！太可观了！

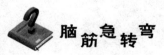

脑筋急转弯

163

35. 三个人，竖着站成一排。有五个帽子，三个蓝色，两个红色，每人带一个，各自不准看自己的颜色。然后问第一个人带的什么颜色的帽子，他说不知道，然后又问第二个人带的什么颜色的帽子，同样说不知道，又问第三个人带的是什么颜色的帽子，他说我知道。问第三个人带的是什么色帽子？（第一个人站在排的最后，他可以看见前两个人的帽子的颜色）

05

生活数学篇

1. 转糖摊的小秘密

在学校门口，总聚集着一些小摊小贩，因为他们出售的商品质量得不到保障，老师和家长总是叮嘱大家不要随便买那里的东西，同学们也清楚老师说的是对的，可有时因为好奇心的驱使控制不住自己，一天就发生了这样的一件事情。

放学后，悠悠找文文借钱，文文问悠悠要干什么用时，悠悠支支吾吾不说话。在文文的一再追问下，悠悠带着文文来到了学校门口一个摊位，摊位旁围满了学生，不时传来同学们惋惜的声音，他走进一看，原来是一个大轮盘，轮盘上有不同的数字，在轮盘上方有一个指针。每人每次交一元钱可以转动盘子一次，转到的

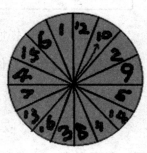

图 5-1-1　小商贩们用来
骗人的大轮盘

数再加上这个数，例如转到 3，再加 3，那他就可以得到 6 上面的奖品。轮盘上是从 1 开始的整数，奇数上的奖品贵，而偶数上只有糖。

望着充满诱惑的奖品，有些同学用光了自己的零花钱，却只能得到便宜的糖，他们很不甘心自己的坏手气，找父母要来钱还去转，到最后还是糖，后来发现大家不论怎么转都是糖，这到底是为什么呢？是大家

手气都不好吗？

悠悠看了看地上摆的东西，发现真有几样是自己喜欢的，其中有11号的变形金刚，还有15号的奥特曼。于是马上掏出一元钱准备转盘子，没想到文文一把就把他拽了回来。"你干嘛不让我试试看啊？万一转到了多划算啊。"文文有点不高兴地说："亏你还是初中生呢，这种小把戏你都看不出来吗？"悠悠疑惑地摇了摇头。

文文为了帮悠悠弄个明白，拿出了纸和笔，列了一个表格：

转到的数	3	1	4	……
奖品对应数	3 + 3 = 6	1 + 1 = 2	4 + 4 = 8	……

文文："悠悠，你们都上当了。"

悠悠："为什么？你写的是什么呀？"

文文："你观察表格，自己再任选几个数字试一试看，能得到什么结论？"

悠悠想了想："哎呀，还真是的，我一看到变形金刚就把这些忘了。我不玩了，咱们回家吧。"

同学们，文文和悠悠发现的规律你发现了吗？

文文："悠悠，你恐怕是被那点奖品冲昏了头吧！下次再遇到这种情况你可要好好想想呀！这可是变相的赌博，会上瘾的，性质还是很严重的。"

悠悠低下了头，惭愧地说道："是呀，我知道错了。你看，这里还围着这么多同学，咱们还是快告诉老师吧。"

文文："好的。"

第二天，在文文和悠悠的协助下，老师召开了街头魔术大揭秘的主题班会。

首先，钟老师找来一副扑克牌，从中拿出九张，在班中说道："咱们今天来做个翻牌游戏，谁要是赢了有奖品。具体是这样的：桌上有9张正面朝上的牌，每次翻动其中任意2张（包括已翻过的牌），使它们

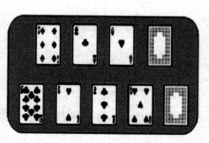

图 5-1-2

从一面向上变为另一面向上，这样一直翻下去，使所有的牌都反面向上。"

同学们，你们也找九张扑克牌翻一翻，看能不能所有的版都反面朝上？

老师说道："看来我的奖品你们是拿不走了，因为它根本就不可能，请大家看表格，自己总结一下。

前提假设：	每张牌正面都标上 +1，反面都标上 −1。	结果
第一次翻牌：	+1 有_____个，−1 有_____个	
第二次翻牌	三种情况： 两张正面的翻过去，+1 有_____个，−1 有_____个；	
	（1）两张反面的又翻回来了，+1 有_____个，−1 有_____个；	
	（2）一张正面的被翻成了反面，一张反面的被翻成了正面，+1 有_____个，−1 有_____个	
⋮	⋮	⋮
得出结论		

老师说道："同学们，你们明白其中的道理了吧。通过这件事，我们大家更爱问个为什么。那年我去贵州旅游，我发现那里的小朋友们在玩这样的游戏：在一个巨型的木质斜面上横着一根粗绳子，上面拦住 3 个足球大的色子，色子的 6 个面上画着不同动物，小朋友们猜测 3 个色子落下后哪个动物画面朝上，每猜一次 2 角钱。当结果确定的时候，除了极少数的人能猜对，大部分的钱都被摊主给收走了。为什么会这样呢？

要解决这个问题我们需要运用概率的知识。因为每个色子有 6 个面，6 个面上又画着不同的动物，所以大家可以明白：

每个面猜对的概率是_____，

那么，一共有 3 个筛子，如果都猜对，猜对的概率是_____ × _____ × _____ = _____

你们还遇到过哪些类似的街头小魔术呢？

面对社会的不良现象，我们青少年要用理智的头脑思考分析，可千万不要给不良用心的人可乘之机。"

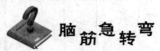

脑筋急转弯

36. 苹果树上有 20 个熟透的苹果，被风吹落了一半，后又被果农摘了一半，那么树上还有几个苹果？

2. 容器中的水能用完吗

五月的天气真好呀，风和日丽，学校组织同学们去春游，大家一起到桃园采摘踏青。以前大家可从来没有采摘过，心情是既好奇又兴奋。到了采摘园一看，嘿，那叫一个硕果累累，同学们边摘边玩，一会就摘了满满的几篮子，眼看就到了午饭的时间，大家围坐在一棵大树下，乘着阴凉享用着午饭，大家都高兴极了。

这时有一位农民伯伯提着水桶为桃树浇水，文文随即提出了一个这样的问题，假如这个容器最多能装一升水，第一次倒出二分之一升水，第二次倒出二分之一升的三分之一，第三次倒出三分之一升的四分之一，第四次倒出四分之一升的五分之一……第 n 次倒出 n 分之一升的 $n+1$ 分之一……问按照这样的方法，这一升水经过多少次可以倒完？

这可把大家给难住了，小川建议去伯伯那借水桶做个实验。大家借来了伯伯的水桶，按照小川所说的方式刚一做起了实验就发现了问题。

这时其他的同学都过来看热闹。随着水量的减少，大家发现即使是进行粗略实验也有一定的困难。

那应该怎么做呢？钟老师了解了问题后，拍拍小川的头说道："既然实验的方法行不通，你们动脑筋想想，能不能用所学过的数学知识通过推理计算去解决它呢？好好地想想问题中包含的数量关系。"

小文顺势从起了一块小石头，在地上列出了倒 n 次水的总倒出水量为

算式（1）为＿＿＿＿＿＿＿＿＿＿＿＿＿＿＿＿＿＿＿

小川的算术供你参考，看看是否英雄所见略同吧：（中间处为省略号）

$$\frac{1}{2} + \frac{1}{2 \times 3} + \frac{1}{3 \times 4} + \frac{1}{4 \times 5} + \cdots + \frac{1}{(n-1)\,n} + \frac{1}{n\,(n+1)}$$

这么长的算式还真没解过！那接下来应该怎么想呢？

钟老师一下就看出了我们的心思，笑着说道："你们离胜利只有一步之遥啦，动脑筋想想，$\frac{1}{n\,(n+1)}$ 的形式是否可以进行合理地拆分?"

悠悠说到："$\frac{1}{n\,(n+1)} = \frac{1}{n} - \frac{1}{n+1}$，那我们就可以把它改写成：

改写的算式（2）为：＿＿＿＿＿＿＿＿＿＿＿＿＿＿＿＿

"我好像知道下边该怎么办了。"文文在地上写出了第三个算式：

由算式（2）得到的算术（3）为：＿＿＿＿＿＿＿＿＿＿

"对呀！括号去掉后可以进行合并，这样很多项就消失了。"

"对，也就是说，倒了 n 次水后倒出水的总量为 $\frac{n}{n+1}$，你们说他能不能将水倒完呢？"钟老师问道。

根据算术（3）进行结果分析：＿＿＿＿＿＿＿＿＿＿＿＿

"分析一个问题要找到问题的关键点是什么，如果进行不下去了，

边玩边学数学

170

你要动脑筋想想问题出在哪里。"钟老师语重心长的和大家说道。

"你们干什么哪？嘿嘿，这桃子可真甜呀！"只见小胖吃性正浓，大家都被他那副吃相给逗笑了。

"是呀，光顾着讨论问题了，大家快来品尝咱们劳动的果实吧！不然都被小胖同学给吃光啦！"钟老师笑着说道。

"你们说，我们要是用这种方法分桃子，是不是就永远分不完了呢？"

"那我们就永远都有桃子吃了！"大家的说笑声在果林中回荡。

参考答案：改写的算术（2）为：

$$(1 - \frac{1}{2}) + (\frac{1}{2} - \frac{1}{3}) + (\frac{1}{3} - \frac{1}{4}) + (\frac{1}{4} - \frac{1}{5}) + \cdots + (\frac{1}{n-1} - \frac{1}{n}) + (\frac{1}{n} - \frac{1}{n+1})。$$

算式（3）为：$1 - \frac{1}{n+1}$，合并结果为：$\frac{n}{n+1}$

根据算术（3）进行结果分析：因为$\frac{n}{n+1}$结果小于1，所以水是永远不会被倒完的。

脑筋急转弯

37. 一个挂钟敲 6 下要 30 秒结束，敲 12 下要几秒结束？

3. 设计并制作笔筒

放寒假了，小川和文文、悠悠一起打算重温下
小学的手工课，设计并制作一些个性的笔筒，一方
面方便文具的摆放，另一方面也锻炼了自己的动手
能力。说干就干，你也加入进来吧。

图 5-3-1

要做一个造型简洁的笔筒，首先要在平板上设
计一个图形，这个图形折起来，就成为一个笔筒。你有什么好点子吗？

请看图 5-3-2，这是小川的方案。这是一种通常
的设计方法，将其剪下并折起来就可以做成一个无
盖的盒子，这样我们已经做好了一个笔筒，同学们
亲手做过就会发现，这个设计方法有一定的缺陷。
据你分析，缺陷在哪？

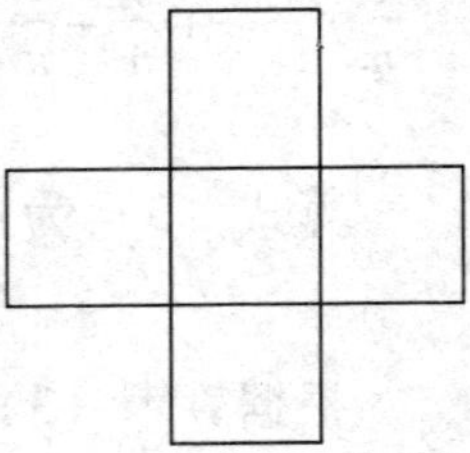

图 5-3-2

既然是设计，就要考虑笔筒的长宽高各应该是多少，并且确定相互
间的适当比例。还记得我们一起研究过的黄金分割吗？能不能让我们设
计并制作出的笔筒符合黄金分割呢？这是不是保证笔筒漂亮的第一
步呢？

那么，第二步应该确定什么呢？

同学们想一想，在你见过的各式各样的笔筒里，哪些你认为设计的比较好？在你用过的笔筒中，哪一个你最喜欢？它有什么特点？根据以往的经验，如果我们亲自设计并制作一个笔筒，应该遵循的要求有哪些呢？

1. 外形比例适当：一般的笔长度大约为 15～20 厘米，（请你量一量自己的笔大多数的长度是多少，然后以此为据进行设计吧。）为了取笔方便，笔筒的高度应为：_____厘米；

2. 放置要稳：笔筒应该"瘦"一些，"高"一些，但笔放进去不能倒。

a）底面的形状选择：圆形比正方形、三角形等形状要更胜一筹；

b）底面若选圆形，周长与高度比最好符合黄金分割；

c）材料选择：要厚重一些。

……

现在我们一起动手对前面的设计进行改进，既然是制作笔筒，"瘦高"的外形还是要保留的，那我们将底面由方形改成圆形，以增加稳定性，小川和文文、悠悠讨论后设计平面如图 5-3-3。

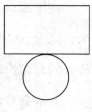

图 5-3-3

请你也亲自动手剪一个图 5-3-3 形状，设计一下底面圆与矩形的长和宽。下面的表格给出底面圆的直径 5 厘米，同学们自行设计矩形的宽（四舍五入成整数即可），怎样的设计才能使笔"站稳"呢？反过来，你根据自己的笔的长度（即矩形的宽），设计几组底面圆直径的取值，备用。

	底面圆直径（/厘米）	矩形的长（/厘米）	矩形的宽（/厘米）
1	5		
2	5		
3	5		
4			
5			
6			

最终确定数值：（四舍五入）

笔均长为 15 厘米时，笔筒高为 10 厘米，矩形长为 20 厘米，底面圆直径为 5 厘米。（如图 5-3-4）

笔均长为 20 厘米时，笔筒高为_____厘米，矩形长为_____厘米，底面圆直径为_____厘米。

在平面设计图 5-3-4 中底面圆的直径为 5 厘米，高为 10 厘米，这样通常一支 15 厘米的笔斜放入的时候恰好合适。

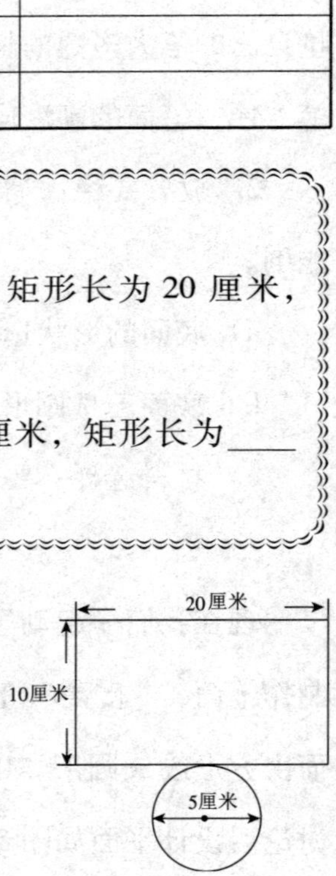

各部分数值、比例确定了，下面可以动手制作了，看一看手头有什么可以利用的材料呢？硬纸板可以是一个不错的选择。我们买的一些衬衫的衬板、鞋的包装盒都可以利用。此外，我们可以在笔筒底部加以配重来增加稳定性。

图 5-3-4

最后，再想一想，你如何让你的笔筒更招人喜爱呢？

由于笔筒设计时考虑了配重，所以笔筒不会倾倒，这就是一个好的设计。下面是小川和小伙伴的劳动成果。同学们也可以思考其他设计方法，比如从改变底面形状入手，并自行分析设计的优势与不足。

图 5-3-5

脑筋急转弯

38. 一把 11 厘米长的尺子，可否只刻 3 个整数刻度，即可用于量出 1 到 11 厘米之间的任何整数厘米长的物品长度？如果可以，问应刻哪几个刻度？

4. 有趣的坐标

春天到了，学校组织班级同学到公园春游，文文、佳佳和悠悠三位同学和其他同学走散了，同学们已经到了中心广场，而他们仍在牡丹园赏花，

他们对照景区示意图，在电话中向老师说明了他们的位置（单位：米）

文文："我这里的坐标是（300，200）。"

佳佳："我这里的坐标是（200，300）。"

悠悠："我在你们东北方向约420米。"

实际上，他们所说的位置都是正确的。你知道文文和佳佳同学是如何在景区建立平面直角坐标系的吗？你理解悠悠同学所说的"东北方向约420米"的含义吗？

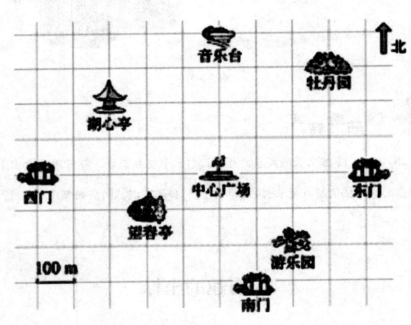

图 5-4-1　景区地图

同学们，你们看过上面的资料可能会问这样的问题："什么叫做平面直角坐标系呢？在坐标系中点的坐标表示怎样的位置？什么是方位角呢？"

请你先仔细看看文文他们看的这副地图，你是否也在公园里见过类似的地图？你是如何根据这些地图确定自己的位置，并找到想去的地方的路径的呢？这样的地图有什么特点呢？

下面我们就来想一想文文他们是如何建立平面直角坐标系的。

1. 文文选取的哪个位置为原点？请你在图5-4-1中找出，并标出坐标轴。

2. 佳佳选取的哪个位置为原点？请你在图5-4-1中找出，并标出坐标轴。

3. 在牡丹园与中心广场两点连线，你会发现东北方向是指_____。

4. 同学们，你能用他们的方法描述公园内其他景点的位置吗？与同学交流一下。

近年来，园林部门为了对古树名木进行系统养护，建立了相关的地理信息系统，其中一条就是要确定这些树的位置。

如图5-4-2，某小区有树龄百年以上的古松树4棵（S_1，S_2，S_3，S_4），古槐树6棵（H_1，H_2，H_3，H_4，H_5，H_6），为了加强对古树的保护，园林部门根据小区地图，将4棵古松树的位置用坐标表示为 S_1（3，9），S_2（5，10），S_3（11，6），S_4（12，11）。

（1）请你把6棵故槐树的位置用坐标表示出来。

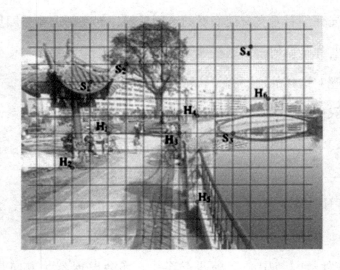

图 5-4-2

解答方法:

①首先，根据已有的 4 个坐标确定原点的位置，并在图中标出；②建立平面直角坐标系；③确定 6 个点的坐标。

H_1 (,   ); H_2 (,   );

H_3 (,   ); H_4 (,   );

H_5 (,   ); H_6 (,   )。

（2）请以小组的形式完成下面的活动：

a 收集一些当地古树名木的资料，特别是有关它们具体位置的记载，并为它们编号；

b 建立平面直角坐标系，为上述树木绘制一幅平面分布图；

c 你也可以收集一些校园或自己家附近有代表性的建筑，绘制出相关的平面分布图。

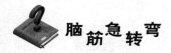

39. 我有 9 个苹果，却必须平均分给 13 个小朋友，我该怎么办？

5. 我不怕张飞

生活数学篇

小川最近迷上了古典小说《三国演义》，不过在阅读过程中，他对张飞喝断当阳桥的故事产生了疑问。假如这是真的，那么这个当阳桥的结构一定存在重大问题。他决心召集小伙伴用实验的方式测试一下究竟哪种桥结实。

小伙伴们商量后，分头行动，小川去找 6 张相同质地、相同形状的打印纸，文文准备一瓶胶水，佳佳去找一盒砝码。

179

试验分为两组进行，每组都以 3 张纸为材料，制作桥面。

第一组将 3 张纸重叠放置，并用胶水粘贴在一起，直接制成一个较厚的桥面；

第二组中，把其中的一张纸折叠成

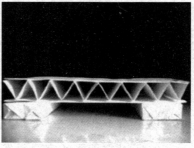

图 5-5-1

瓦片的形状，夹在另外的两张纸中间，用胶水做适当的粘贴。做成如图

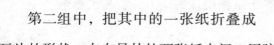

5-5-1 所示桥面。

做好两个桥面后，将它们分别搭在两本书上，这样就做成了两个简陋的桥梁。

现在，来比较这两个桥哪一个的承重能力强。他们把准备好的砝码等质量地分别放在制作好的桥面正中，看一看哪一座桥能承受的压力更大。

砝码质量	桥面 1	桥面 2
1 克	能承受（明显形变）	能承受（无形变）
2 克	已破坏	能承受
5 克	同上	轻微形变
……		……
……		……

实验记录表

很明显，第一种方法制作的桥梁不如第二种方法制作的桥梁结实。

原来第二种桥面的特殊结构是可以将桥面所受的压力充分分散的。它能够将纵向的压力分解为方向不同的张力和压力；不仅如此，这个结构还能够将力充分地分散到各个面上。而第一种，没有力量传递分散的过程，所以它承受的完全是等于重物质量的压力，容易被压弯。

边玩边学数学

生活中，各种各样的建筑，它们都是即要承受尽可能大的压力，也要节省材料使用。所以不是单纯地使用类似于第一种仅依靠加厚材料的方式来增加承重能力的，而常常会运用一些力学原理来达到目的，比如实验中的第二种结构就是其中的一种有效方法（见图5-5-2）。

图 5-5-2 悬索桥

生活数学篇

181

这种结构在建筑学上被称作"桁架构造"。桁架构造在桥梁中最为常见。当一个重物经过这种结构的桥面上时，桥梁表面就会承受一定的压力，这个压力大部分都集中在了中间桁架结构的等腰三角形的顶点上，这个力会通过中间三角的结构而构成一定的角度（一般的桥梁使用的都是60度角，有时候也会成45或30度）先传递给三角结构的两个侧面，再经过这两个侧面分别传递到下部的平面上，这时候这个力已经被分成了两个力，指向三角形边的延长线方向，与下部的平面构成一定的夹角。这两个力都可以分解成为水平的力和垂直向下的压力。这时候，桥梁承受的力已经分解为一个水平的张力和一个已经变小向下的压力。

不仅如此，由于桁架构造是由很多等腰三角形紧密相连而成的，两个三角形之间的张力相互削弱，形成的合力又会使在下部平面上的张力以同上面所述的方式相似的形式传递给了侧面，再传递给桥面，这时候本来很大的垂直压力，被分解成了各种形式各个方向缩小的力，而且均匀的分散到了所有的面上，桥的承重能力大大增强了（见图 5-5-3）。

除桥梁的桁架构造外，房屋的屋顶也常常运用这个原理，搭建成网状的网架构造，以增加建筑物的承重能力，从而减少材料消耗和增加建筑物的安全性。

请你在生活中进行观察，还有哪些地方用到了类似的结构？还有哪些其他的设计也能起到类似作用？

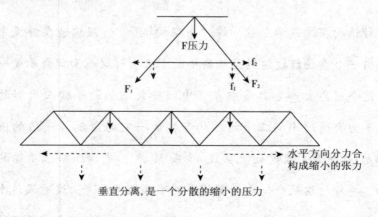

图 5-5-3　框架结构与力分散与转变

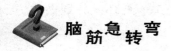

40. 两个男孩各骑一辆自行车，从相距20英里的两个地方，开始沿直线相向骑行。在他们起步的那一瞬间，一辆自行车车把上的一只苍蝇，开始向另一辆自行车径直飞去。它一到达另一辆自行车车把，就立即转向往回飞行。这只苍蝇如此往返，在两辆自行车的车把之间来回飞行，直到两辆自行车相遇为止。如果每辆自行车都以每小时10英里的等速前进，苍蝇以每小时15英里的等速飞行，那么，苍蝇总共飞行了多少英里？

6. 哪个跑得快

小川家新添置了一辆家用轿车，这样，在天气不好的时候，他就可以搭便车上学，免受了风吹雨淋，不过细心的他很快就提出一个看似很简单的问题："爸爸，车轮为什么是圆的？而不是方的或者扁的？"妈妈在一边插话了："这还用问，圆的车轮跑得快啊？"爸爸却微笑着说："那倒不见得，如果你想搞清楚这个问题，不妨通过一个小实验，你可以设计一个小竞赛看看，圆的、方的、扁的车轮哪个跑得快啊？"小川觉得爸爸的提议更科学。于是他找来一块硬纸板，用剪刀剪出3个宽度相等的纸条，用胶带把纸条的两端固定起来，3个纸环，分别做成方形、椭圆形、圆形纸环，简易车轮做好了。

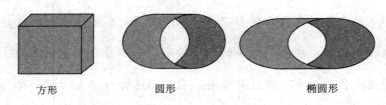

方形　　　　　　　圆形　　　　　　椭圆形

图 5-6-1

他将3个纸环放在平整的桌面上，猛吹一口气，可以看到：方形纸环基本不动，椭圆形纸环能向前转动一小段距离，而圆形纸环却能向前转动很长距离，直到掉在桌子下面。

这是为什么？爸爸告诉小川，这要从物理和数学两个角度寻求答案。

物体要向前移动，必须摆脱摩擦力的束缚，一般说来，接触面积越大，摩擦力越大。方形纸环和桌面接触部分是一个整面，这种摩擦方式属于滑动摩擦，其他两个纸环桌面接触部分是一条线，这种摩擦方式属于滚动摩擦，其摩擦力要明显小于前者。所以方形纸环的移动基本不明显，而后两者却有明显的移动。

圆是平面上到一个定点的距离等于定长的点的集合，这个定点叫做圆心，这条定长叫做半径，由于半径相等，圆形纸环在被吹动后，它各个点所受到的力大小是相等的，方向也都是向前的，所以惯性也大，能够运动很长的距离。

而椭圆是平面上到两个定点距离之和为定值的点的集合（该定值

大于两点间距离）（这两个定点也称为椭圆的焦点，焦点之间的距离叫做焦距），在椭圆中是找不到一条像圆内那样的半径的，椭圆形纸环在被吹动后，它各个点所受到的力大小可以不去考虑，但方向却是两个（一个向前，另一个向上或向下），这就给这个纸环的向前移动造成很大障碍。

纸环的运动除了摩擦和受力大小与方向以外，还存在一个平衡的问题。

于是爸爸鼓励小川再做接下来的实验：

实验步骤：

（1）做两个圆形纸环，在其中一个纸环的内侧粘一枚回形针，如图 5-6-2 所示，注意把回形针粘在纸环的中心位置。

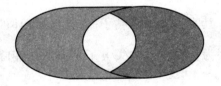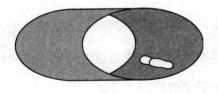

图 5-6-2

（2）把两个纸环并排放在斜坡上，让它们高度相同，并相隔几厘米，避免相互干扰。同时放开纸环，比赛开始。注意观察两个纸环在滚动时的速度变化，看一看哪一个纸环率先到达终点。

（3）在粘有回形针的纸环上再粘一枚回形针，注意把这个回形针粘在纸环内侧前一回形针的对面。现在重新比赛，继续观察两个纸环在滚动时的速度变化，看一看它们到达终点所用的时间是否有变化。

步骤	现象（速度变化及到达终点所用时间）
（2）	
（3）	

实验记录表

在第一个实验里，小川看到有回形针的纸环滚动的速度并不均匀，当回形针转向坡面时，纸环速度就变快。当回形针远离坡面时，纸环速度就变慢。最后，有回形针的纸环输掉了比赛。

在第二个实验中，粘有回形针的纸环滚动得平稳多了，因此与不粘回形针的纸环之间的速度差减小了。如果在两个回形针之间再对称粘两个回形针，纸环的滚动效果会更好。其实，并不是粘了回形针的纸环的摩擦力增大，使它速度降低，而是因为它在滚动中失去了平衡，从而降低了它的速度。

转动的物体，比如轮胎和引擎，必须保持高度的平衡，否则，它们会需要更多的能量才能转动，而且转动起来很困难。这会造成接触面上的磨损，甚至会损坏物品。

知识拓展

车轮和轮胎是汽车行驶时的重要部件，如果车轮和轮胎的质量不均匀，就会发生类似上面实验中加了回形针的纸环滚动时的情景，车轮会在转动中失去平衡，从而影响车轮的速度，更危险的是，还会造成车轮与其他部件的磨损增大，损坏汽车部件。

汽车在高速行驶时能够平稳，就要求车轮和轮胎的质量要均匀。为了保障汽车的平稳，在新车上路之前要进行一次动平衡测试，在测试台上车轮模拟转动，由仪器来检查车轮是否能够达到动平衡。如果经过测试，车轮的动平衡并不理想，则要在车轮上加一小块车轮平衡块。这些小金属块质量很小，但是却能够起到平衡车轮质量的作用。一般来说，车辆行驶一段时间后，就应该重新进行一次车轮平衡校准。

还有其他的一些技术措施来保障汽车在行驶时的平稳，比如差速器。汽车上一般是 4 个车轮同时在转动，当行驶的汽车需要转弯的时候，内侧车轮的运动路径将小于外侧车轮的运动路径，这时汽车通过差速器来调节不同车轮的转动，让内侧车轮转动的速度小于外侧车轮转动的速度。差速器失灵时，汽车驱动轮上的齿轮会被损坏，且汽车无法正常转向。

此外，为了保持汽车行驶时的稳定性，在车轴与车架之间有悬挂装置，通过弹簧来调节车轮，使汽车的车轮尽量能够同时着地。当遇到颠簸的路面时，悬挂装置还可以起到减震的作用。

脑筋急转弯

41. 将一张长方形纸片连续对折，对折的次数越多，折痕的条数也就越多。请问对折 10 次后，折痕有多少条？

7. 谁更能"装"

佳佳陪妈妈逛超市的时候发现，超市里的物品琳琅满目，用来盛放物品的容器也形状各异，不过盛放食品的硬包装盒以圆柱形的居多，而缺少她认为应该常见的四棱柱、三棱柱等包装盒。这是为什么呢？难道说圆柱体的容量要比其他形状的容器大吗？带着这个问题，她回家做了一个小实验，解开了心中的疑惑。

佳佳找来两张相同质地规格为 24 厘米 × 10 厘米的硬纸，准备薄保鲜袋、100 毫升量筒、记号笔、胶带。

用两种方法分别应用硬纸制作能装水的容器。首先将硬纸的宽作为高，将其中一张硬纸围成一个四棱柱（底面为正方形，见图 5-7-1），用胶带固定好。把制作好的四棱柱以正方形为底面平放在准备好的盆子里，把保鲜袋套在四棱柱内（注意保鲜袋要紧贴四边形底面和硬纸板内壁）。这样制得第一个四棱柱容器。

然后仍以硬纸宽为高，将另外一张硬纸围成一个圆柱体，用胶带固定好。把制作好的圆柱体以圆为底面平放在准备好的盆子里，把保鲜袋套在圆柱体内（注意保鲜袋要紧贴圆柱的底面）。这样又就做成了第二个圆柱形的容器模型（见图 5-7-2）。

考考你：这两个容器哪个装的水多一些？

答案是第二个容器吗？

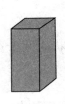

图 5-7-1　四棱柱

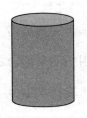

图 5-7-2　圆柱形

方法一：将量筒注满水，分别向两个容器中倾倒，直至注满，记录这两个容器分别能盛放用几量筒的水，若没有用完一整量筒的水，在筒壁上用记号笔标明水的位置。

方法二：将一个容器盛满水，向另一个容器中倾倒，比较盛水量。

容积的计算方法一般是底面积乘以高，这两个容器的高是一样的，那么通过比较它们的底面积就可以看出谁更能"装"了。

这两个底面的周长是相同的，也就是硬纸的长度，设纸片的长为 a，则四棱柱容器底面的边长为 $\frac{a}{4}$，所以底面的面积为 $\left(\frac{a}{4}\right)^2$；而圆柱形容器底面的半径为 $\frac{a}{2\pi}$，底面的面积为 $\frac{a^2}{4\pi}$。

请实际测量你制作的两个容器的底面积，比较两个容器的容积差：

四棱柱容器底面的边长为：_____；底面的面积为：_____；

圆柱形容器底面的半径为：_____，底面的面积为：_____。

答案是否还是后者大于前者？

请你用相同质地、相同规格的硬纸制作其他形状的盛水容器，与圆柱形容器比较盛水量。

通过上面的推导我们可以得出这样一个结论：在周长一定的情况下，_____的面积大于其他任何一个图形，_____的容积大于其他任何一种形状的容器。

在生活中，大部分常见容器类似于圆柱形。这是因为在同等条件下，制作成的立体形状，圆柱形体积最大。厂家在制作容器时绝不会单纯考虑运输的方便而使用第一种方法制作，还要综合考虑到节省材料等诸多方面的因素。尤其是在当前原材料价格不断上涨和节能减排已经成为时代潮流的大背景下。

脑筋急转弯

42. 几根火柴摆成 $1 + 1 = 11$，现在只要动一根火柴就能让答案变成 130，怎么办？

脑筋急转弯答案

1. **答案**：三个小朋友四块糖

   解释：可以假设有 x 个小朋友，有 y 块糖，

   那么 $y - x = 1$，

   $2x - y = 2$

   计算可得答案

2. **答案**：一厘米

   解释：如果正好对折，那么两边一定一样整齐，如果一边长出半厘米，那么另外一边一定短了半厘米，这样正好就相差一厘米，第二次折的时候也是如此，所以两道折痕只相差一厘米，这道题非常容易想错成相差两厘米。

3. **答案**：97 元。

   解释：王老板总共是掏出了一张壹佰圆并损失了一件礼物，但是之前有那个那笔生意赚了 3 元，应该是 100 元 − 3 元 = 97 元。

4. **答案**：能。

解释：只要将 26 里面的 6 放在 2 的指数位置上就可以了。即为 $2^6 =$
$2 \times 2 \times 2 \times 2 \times 2 \times 2 = 64$，再减去 60 正好得 4。

5. **答案**：可以将火柴摆成一个正三棱柱，这样每个侧面都是正方形，上下两个底面正好是两个正三角形。要开阔思路，不是一定要在平面上摆图形的。

6. **答案**：爸爸 30 岁，妈妈 28 岁，强强 2 岁。

解释：如果按照正常思路，三个人四年后应该共增加 12 岁，所以唯一的解释就是四年前强强还没出生，两年前才出生，这样三个人四年多了 10 岁，再假设四年前爸爸 x 岁，妈妈 $50 - x$ 岁，很容易得到答案。

7. **答案**：$a = 1$ $c = 9$ $d = 8$ $b = 0$

解释：我们这样来看，
$$\begin{array}{r} a\ b\ c \\ +\ c\ d\ c \\ \hline a\ b\ c\ d \end{array}$$

两个三位数相加绝对不会到 2000，所以可以马上判断 $a = 1$，那么 c 不是等于 8 就是等于 9，假设 $c = 8$，那么 $2c = 16$，则 $d = 6$，$b + d + 1$ 必须等于 18，这是不可能的，所以 $c = 9$，那么 $d = 8$，$b = 0$。

8. **答案**：把 10 个袋子依次从 1—10 编号。依次从 1 号取 1 个，2 号取 2 个，3 号取 3 个 4—10 号取 10 个，共取 55 个应是 550 克。多了几克。便知是几号袋子。

9. **答案**：5 块钱。

解释：这个题目的陷阱就是，没人会提醒你想一想哥哥和弟弟带了

边玩边学数学

多少钱，设这本书 z 块钱，哥哥有 x 块钱，弟弟有 y 块钱，则

$x + 5 = z$ ....（1）

$y + 0.01 = z$ .....（2）

$x + y < z$ ....（3）

由（1）－（2）得 $x - y = -4.99$ ....（4）

由（2）、（3）得 $x + y < z = y + 0.01$，解得 $x < 0.01$，即哥哥拥有的钱不到 1 分，亦即哥哥没有钱。再根据（4）知道弟弟有 4.99 元。

再由（1）或（2）得 $z = 5$，即这本书 5 块钱。

10. **答案**：戴手套，摘手套的时候。

11. **答案**：由已知选项可以看到，ABD 三个选项中，第二个空都是 c，所以如果 C 选项中 b 在第二个空是正确的，根据每空只有一个正确答案，那么第一个空只能是 a，但是题目告诉 ab 中肯定有一个错的，这样就矛盾了。因此，第二个空只能是 c，第一个空可能是 ade 当中的一个，因此可能的选项有 ABD。

12. **答案**：一根都不用移动，只要倒过来看等式就成立了。

解释：罗马数字中 X 为 10，XI 为 11，IX 为 9。等式倒过来看就成了：X = I + IX。即 10 = 1 + 9。

13. **答案**：赚到 2 块钱。第一次赚到 1 块钱，第二次又赚到 1 块钱。

14. **答案**：每字两角。

15. **答案**：猜拳，包子剪子石头。

16. **答案**：得 10。

解释：从中间分。

17. **答案**：3 的 21 次方。

18. **答案**：27 桶。

19. **答案**：8 + 8 + 8 + 88 + 888。

20. **答案**：8，从中间分开一半。

21. **答案**：26 人。

解释：因为夫妻每人和客人握手 24 次，加上他们 2 人，共 26 人。

22. **答案**：百分之五十。

23. **答案**：不能。

解释：因为如果数目不同，至少要从 1 到 10，而 1 + 2 + …… + 10 = 55，不够分。

24. **答案**：每次的都相等。

25. **答案**：现将一卷蚊香两头点燃，同时将另外一卷的一端点燃，当两端点燃的那卷全部燃尽时，点燃另外一卷的另一端，当燃尽时恰好 45 分钟。

26. **答案**：1 最懒惰，2 最勤劳。

解释：一不做二不休。

27. **答案**：还剩两个。

解释：有一个人是捉人的。

28. **答案**：坟

29. **答案**：六次。

解释：每次要有一个人划船回来。

30. **答案**：129。

解释：把那张 6 的卡片翻过来就行了。

31. **答案**：2 个。

32. **答案**：星期四。

解释：老者说真话是四五六日，少者说真话是一二三日。如果老者说的是真话，那么昨天一定是星期三，今天是星期四，是少者说谎的日子，再加上少者说昨天是他说谎的日子，得以验证。

33. **答案**：摆成圆周率 π。

34. **答案**：每人拿一个苹果，最后那个人把苹果放在篮子里一起拿走。

35. **答案**：蓝色。

解释：因为有三个人，只有两个红帽子，那么必然至少有一个人要戴蓝帽子，所以第三个人可以看到前面连个人戴的都是红帽子，这样他自己只能戴蓝帽子。

36. **答案**：5 个。

解释：开始被风吹落了 10 个，还剩 10 个，然后果农摘掉 10 个的一半，自然剩下 5 个。

37. **答案**：66 秒。

解释：敲六下要 30 秒结束，那么当敲第一下和第二下时有一个空档，敲六下有 5 个空档，所以每个空档占 6 秒，从第一下到第十二下共有 11 个空档，所以就是 66 秒敲完。

38. **答案**：可以，刻在 2、7、8 的位置。

解释：比如要度量 1 厘米，只要先量出 8 厘米，然后再量出 7 厘米减去即可，其他的长度同理类推。这个题目答案并不唯一，我们也可以刻在 2、5、7 的位置上，想想看为什么。

39. **答案**：轧果汁。

解释：题目没有要求按照块来分给小朋友，轧果汁后可以平均分成九份，这样就巧妙的解决了平均这个要求。

40. **答案**：15 英里

解释：每辆自行车运动的速度是每小时 10 英里，两者将在 1 小时后相遇于 20 英里距离的中点。苍蝇飞行的速度是每小时 15 英里，因此在 1 小时中，它总共飞行了 15 英里。

41. **答案**：不能对折 10 次。

解释：假设纸张的厚度是 0.5 毫米，那么对折一次厚度变成 1 毫米，对折两次厚度变成 2 毫米，对折三次厚度变成 4 毫米，之后每对折一次，厚度变成原先的二倍，当对折到八次时，厚度已经变成64 毫米，也就是 6.4 厘米，没有哪种纸能有这样的厚度。

42. **答案**：141 – 11。